T0208242

Warum verhalten wir uns manchmal merkwürdig und unlogisch?

Sylvain Delouvée · Margot

Warum verhalten wir uns manchmal merkwürdig und unlogisch?

Aus dem Französischen übersetzt von
Jutta Bretthauer

 Springer Spektrum

Sylvain Delouvée
Margot alias Nicolas Vaidis

Aus dem Französischen übersetzt von Jutta Bretthauer

ISBN 978-3-8274-3033-5   ISBN 978-3-8274-3034-2 (eBook)
DOI 10.1007/978-3-8274-3034-2

Die Deutsche Nationalbibliothek verzeichnet diese Publikation in der Deutschen Nationalbibliografie; detaillierte bibliografische Daten sind im Internet über http://dnb.d-nb.de abrufbar.

Springer Spektrum
Übersetzung der französischen Ausgabe: Pourquoi faisons-nous des choses stupides ou irrationnelles?! von Sylvain Delouvée und Margot, erschienen bei Dunod Éditeur S. A. Paris, © Dunod, Paris, 2011.

Planung und Lektorat: Marion Krämer, Sabine Bartels
Redaktion: Tatjana Strasser
Zeichnungen und Einbandabbildung: Margot alias Nicolas Vaidis
Einbandentwurf: wsp design Werbeagentur GmbH, Heidelberg

Gedruckt auf säurefreiem und chlorfrei gebleichtem Papier

Springer Spektrum ist eine Marke von Springer DE. Springer DE ist Teil der Fachverlagsgruppe Springer Science+Business Media.
www.springer-spektrum.de

Inhalt

Vorwort

Auf der Titelseite der Zeitung geht es um das Verbrechen von gestern Abend: Eine Ihrer Nachbarinnen ist vor der Tür zu ihrer Wohnung ermordet worden. Sie blättern weiter. Eine Nachricht nach der anderen. Der Zeiger der Uhr rückt voran, es ist gleich Zeit, aus dem Haus zu gehen. Da fällt Ihr Blick auf diese Anzeige: Die Universität in der Nähe sucht Freiwillige, die bereit sind, an einer Studie über das Gedächtnis teilzunehmen. Sie werden heute Abend anrufen und sich genauer darüber informieren. Ach ja, dabei fällt Ihnen ein, dass Sie nicht vergessen dürfen, das Geld für das Ferienlager für Ihre Tochter zu überweisen. Nanu, vor Ihrem Haus hält ein Polizeiwagen. Ihr Sohn rennt die Treppe herunter und ruft: „Die kommen meinetwegen!"

In dieser kleinen Geschichte werden in geraffter Form einige der Themen angerissen, um die es in diesem Buch geht:

* *Warum sind Ihre Nachbarn und auch Sie selbst gestern Abend nicht eingeschritten, um der jungen Frau zu helfen?*
* *Warum wird die Studie über das Gedächtnis Sie dazu bringen, eine Ihnen vollkommen unbekannte Person mit Elektroschocks zu traktieren?*
* *Warum wird Ihre Tochter sehr schnell einige der Teilnehmer an dem Ferienlager unsympathisch, andere dagegen ganz toll finden, obwohl sie doch niemanden von ihnen kennt?*

* *Warum wird Ihr Sohn bald auf Veranlassung seines Lehrers im Gefängnis sitzen?*

Der rote Faden, der dieses Buch durchzieht, lässt sich auf eine einfache Frage reduzieren: Warum verhalten wir uns gelegentlich irrational?

Im November 2007 hat Jeremy Dean, der Betreiber der Website *Psyblog – Understand Your Mind* (www.spring.org.uk) einen Beitrag mit dem Titel veröffentlicht „Why we do dumb or irrational things: 10 brilliant social psychology studies" (Warum wir uns dumm oder irrational verhalten: 10 eindrucksvolle sozialpsychologische Untersuchungen). Er hat mir freundlicherweise gestattet, seinen Artikel als Vorbild für meine Ausführungen zu nehmen, und dafür danke ich ihm sehr herzlich. Die von mir ausgewählten Untersuchungen unterscheiden sich allerdings von denen, die Jeremy anführt.

Um eine Antwort auf die vielschichtige Frage nach irrationalem Verhalten zu geben, halte ich mich an die Erkenntnisse der Sozialpsychologie. Bei den zahlreichen Definitionen, die es hierfür gibt, schließe ich mich der des kanadischen Forschers Robert Vallerand von 1994 an: *„Die Sozialpsychologie ist der Bereich wissenschaftlicher Forschung, der analysiert, auf welche Weise unser Denken, unsere Gefühle und unser Verhalten durch die imaginäre, implizite oder explizite Gegenwart der anderen, durch deren besondere Eigenschaften sowie durch die verschiedenen gesellschaftlichen* Stimuli *aus unserer Umgebung beeinflusst werden. Außerdem untersucht sie, welchen Einfluss unsere eigenen, ganz persönlichen psychologischen Komponenten auf unser soziales Verhalten ausüben."*

Auf der Grundlage dieser wissenschaftlichen Disziplin, bei der sich Psychologie und Soziologie überschneiden, werden wir anhand von zwanzig psychologischen Experimenten erläutern, wie sich der jeweilige Kontext und die Gegenwart anderer auf uns auswirken.

Diese inzwischen klassisch gewordenen Untersuchungen und Experimente wollen wir möglichst verständlich darstellen und erklären. Natürlich mussten wir eine Auswahl treffen, denn es gibt unendlich viele interessante, originelle und überraschende Versuche. Wenn Sie ins Kino gehen oder fernsehen, werden Sie einige möglicherweise kennen. In Fernsehserien, wie *Die Simpsons, Law and Order: New York, Life, CSI – Den Tätern auf der Spur, Veronica Mars, Akte X, Doctor Who* oder *Cold Case – Kein Opfer ist je vergessen,* wurden einige der hier vorgestellten Experimente schon einmal erwähnt oder verwendet. Film und Literatur stehen dem nicht nach. Ich werde gelegentlich darauf zu sprechen kommen.

Auch bei diesem Buch war Nicolas Vaidis, alias Margot, wieder bereit, meine Ausführungen mit seinen Figuren Kouik und Kouikette zu illustrieren. Wir arbeiten mittlerweile richtig gut zusammen, und deshalb liest sich dieses kleine Werk auch fast schon anhand der Bilder.

Sie werden feststellen, dass merkwürdiges oder unlogisches Verhalten letztendlich vielleicht gar nicht so dumm ist. Denn ob unser Handeln merkwürdig oder irrational ist, hängt immer vom jeweiligen Standpunkt ab. Selbst wenn unser Tun unlogisch erscheint, gehorcht es doch manchmal einfach nur einer anderen Logik. Aber wir wollen nicht vorgreifen. Entdecken Sie selbst die Ergebnisse dieser überraschenden Untersuchungen.

Zum Schluss dieses kurzen Vorwortes möchte ich noch einigen Personen meinen herzlichen Dank aussprechen:

* Ich danke den Mitarbeitern im sozialpsychologischen Labor der Universität Rennes 2 und meinen Kollegen ganz allgemein, die mich unterstützt, mir geholfen und mit ihrem Rat zu Seite gestanden haben;
* mein Dank gilt Sylvie und Roxane, die die Entstehung der ersten Kapitel meines Manuskripts mit kritischem Blick begleitet haben;

* ich danke auch Marie-Laure, die unter Druck arbeiten musste, und Jean, der mir Verständnis entgegengebracht und mich in meiner Arbeit bestärkt hat;
* Dank auch an Michel-Louis, durch den ich nicht nur die *Nexus* entdeckt habe ...;
* und schließlich danke ich Jean-Baptiste und Magali.

Viel Vergnügen beim Lesen.

Sylvain Delouvée
(www.facebook.com/Pourquoi.faisons.nous.choses.stupides)

1

Und was machen die anderen?

Sozialer Einfluss und Normenbildung

1935. Columbia-Universität New York, Vereinigte Staaten von Amerika.

„Wie? Es hat sich überhaupt nicht bewegt?" Also das kann ich immer noch nicht glauben!

Es ist das erste Mal, dass ich an einem wissenschaftlichen Experiment teilnehme. Ich hoffe, ich mache alles richtig. Gestern habe ich ihn in der Butler Library getroffen, in der Zentralbibliothek unserer Universität, einen jungen Doktoranden, der Versuchspersonen suchte. Er sprach mit Akzent, und ich frage mich, aus welchem Land er wohl kommen mag. Auf jeden Fall hat er zwei Dollar geboten, wenn ich an einem Experiment zur visuellen Wahrnehmung teilnehme. Es ist mein erstes Jahr an der Columbia, und ich wäre beinahe zu spät zu dem vereinbarten Treffen gekommen, weil ich mich in den Gängen verlaufen habe.

Eigentlich frage ich mich, was ich hier überhaupt tue. Seit über einer halben Stunde sitze ich hier nun schon in einem vollkommen abgedunkelten Raum, den Kopf in eine eigenartige Vorrichtung gezwängt, und starre auf eine Leinwand. Wir sind zu dritt. Zum 76. Mal sehen wir nun schon einen kleinen Lichtpunkt vor uns aufleuchten. Die Aufgabe ist leicht, aber nervtötend. „Nach einem kurzen Augenblick", so hat man uns gesagt, „wird das Licht anfangen sich zu bewegen. Sobald Sie sehen, dass es zu wandern beginnt, drücken Sie bitte auf den Knopf vor Ihnen. Einige Sekunden später wird das Licht wieder verschwinden. Geben Sie mir bitte an, welche Strecke es zurückgelegt hat. Versuchen Sie, die Entfernung so genau wie möglich zu schätzen."

Wir sind uns jetzt alle drei fast jedes Mal bei unseren Schätzungen einig. Ich frage mich bloß, was das Ganze soll …

Jetzt ist endlich Schluss. Wie bitte? Wir sollen das Ganze noch einmal wiederholen, aber dieses Mal einzeln? Noch mal hundert Versuche? Na schön …

*

Muzafer Sherif, dessen Name eigentlich Muzaffer Şerif Başoğlu lautete, wurde am 29. Juli 1906 in Ödemiş in der Türkei geboren. Er studierte zunächst an der Universität von Istanbul und wanderte dann in die Vereinigten Staaten aus. Er schrieb sich in

Harvard ein und später dann an der Columbia-Universität, wo er bei dem damals sehr renommierten amerikanischen Psychologen Gardner Murphy promovierte.

In seiner Doktorarbeit beschäftigte er sich mit dem Einfluss gewisser sozialer Faktoren auf die Wahrnehmung: Beeinflussen uns die anderen darin, wie wir unsere Umwelt wahrnehmen? Genauer gesagt, er wollte untersuchen, ob die Wahrnehmung und das Urteil eines Menschen in einer nicht eindeutigen Situation dadurch beeinflusst werden, dass er weiß, wie andere anwesende Personen die gleiche Situation wahrnehmen und beurteilen.

Sherifs gesamte Forschung beruhte auf der Mehrdeutigkeit der Situation, in die er seine Versuchsteilnehmer versetzte.

Auch Ihnen ist es sicherlich schon das eine oder andere Mal passiert, dass Sie nicht wussten, was Sie tun oder wie Sie sich verhalten sollten. Was würden Sie tun, ohne irgendeinen Anhaltspunkt zu haben oder ohne vorherige Kenntnis der Situation, mit der Sie konfrontiert werden?

Wahrscheinlich blicken Sie mal nach links und dann nach rechts, und schließlich werden Sie sich sicherlich ein Beispiel an … den anderen nehmen, denn Sie denken sich ganz einfach: Ich weiß zwar nicht, was ich tun soll, aber die anderen werden es schon wissen … Dabei haben Sie nur eines nicht bedacht: Die anderen verhalten sich ganz genauso wie Sie! Sie schauen auf ihre Mitmenschen, aber diese wiederum beobachten Sie. Damit befinden Sie sich in einer Situation, die von den Sozialpsychologen als kollektive Ignoranz bezeichnet wird, eine Konstellation, in der jeder den anderen beäugt, um zu erfahren, wie er handeln oder sich verhalten soll.

*

Drehen wir die Zeit ein wenig zurück. Wir schreiben das Jahr 1899, und Edwin Emery Slosson ist Professor für Chemie an der Universität von Wyoming. Hören wir, was er berichtet:

> „Ich hatte eine Flasche mit destilliertem Wasser gefüllt, sie sorgfältig in Watte gehüllt und in eine Schachtel gelegt. Nach einigen anderen Versuchen erklärte ich, ich wolle in Erfahrung bringen, wie rasch sich ein Geruch in der Luft verbreitet, und bat deshalb die Anwesenden, die Hand zu heben, sobald sie den Geruch wahrnähmen. Daraufhin packte ich die Flasche aus und träufelte etwas von dem Wasser auf die Watte, wobei ich den Kopf zur Seite drehte. Dann nahm ich eine Stoppuhr zur Hand und wartete auf das Ergebnis. Ich sagte noch, ich sei mir absolut sicher, dass niemand im Hörsaal den Geruch dieser chemischen Verbindung, die ich soeben vergossen hatte, je gerochen habe. Nach 15 Sekunden hatten die meisten der vorne Sitzenden die Hand gehoben, und innerhalb von 40 Sekunden verbreitete sich der Geruch in ziemlich konzentrischen Kreisen bis in die hintersten Ränge des Raumes. Etwa drei Viertel der Anwesenden erklärten, sie nähmen den Geruch war. Und wahrscheinlich wären noch sehr viel mehr Hörer dieser Suggestion erlegen, wäre ich nicht gezwungen gewesen, das Experiment nach einer Minute abzubrechen, denn einige der Studenten

auf den vorderen Plätzen fühlten sich durch den Geruch so unangenehm beeinträchtigt, dass sie den Hörsaal verlassen wollten."

Diese Anekdote ist besonders interessant. Dem Inhalt einer nur
mit destilliertem Wasser gefüllten Flasche wurde innerhalb kür-
zester Zeit ein Geruch zugesprochen. Jeder war aufrichtig davon
überzeugt, *etwas zu riechen*. Bis zur Alchemie ist es da nur noch
ein kleiner Schritt!

Warum? Wie kommt es dazu? Durch Suggestion, sagt Slosson. Durch gegenseitige Beeinflussung, würden wir heute sagen,
also durch den sozialen Einfluss. Wenn der Professor erklärt, wir
würden etwas riechen, dann *müssen* wir auch etwas riechen ... Es
braucht dann nur eine einzige Person die Hand zu heben, und
schon folgen alle einer nach dem anderen ihrem Beispiel.

*

Kehren wir nun zu Mustafer Sherif und zur Columbia-Universität zurück. Unser angehender Doktor der Psychologie interessierte sich für Normen und insbesondere für soziale Normen. Was ist

... Das juckt ja bestialisch...

...wirklich nicht auszuhalten!

eine Norm? Laut Lexikon bezeichnet eine Norm einen „üblichen oder durchschnittlichen Zustand, der in den meisten Fällen als Regel anerkannt wird, die einzuhalten ist". Eine soziale Norm verweist demnach auf eine in einer Gesellschaft oder einer Gruppe bestehende Verhaltensregel. Sobald klar ist, wie man sich zu verhalten oder zu handeln hat, was man sagen und wie man sich kleiden soll, wie Dinge zu beurteilen sind oder was wünschenswert ist und was nicht, können innerhalb einer Gruppe oder, im weiteren Sinne, einer Gesellschaft einheitliche Verhaltensweisen und Meinungen entstehen.

Die gesellschaftlichen Normen sind natürlich nicht unveränderlich und starr. Sie unterliegen dem Wandel, entwickeln sich weiter oder verschwinden irgendwann. Sie sind immer von der Gruppe abhängig, die sie aufgestellt hat, und allgemeiner noch von der Kultur oder der Geschichte dieser Gruppe. Im 18. Jahrhundert war es Frauen in Frankreich aufgrund der Kleiderordnung untersagt, Hosen zu tragen. Heute gilt dieses Verbot nicht mehr, obwohl das Gesetz vom 26. Brumaire des Jahres IX der Republik (wonach jede Frau, die sich wie ein Mann kleiden möchte, bei der Polizeipräfektur um Erlaubnis ersuchen muss) niemals abgeschafft wurde! Überlegen Sie also gut, meine Damen, was Sie morgen anziehen wollen!

Aber seien Sie beruhigt ... die gesellschaftlichen Normen innerhalb einer Kultur entwickeln sich im Laufe der Zeit weiter. Doch auch heute noch verbietet die Scharia, das islamische Gesetz, den Frauen in manchen islamischen Ländern das Tragen von Hosen. Im Sudan wurden 2009 mehrere Frauen verurteilt und ausgepeitscht, nur weil sie sich in Hosen gezeigt hatten.

Eine soziale Norm verweist zwar auf eine Regel, doch es gibt immer einen gewissen Spielraum, in dem Verhaltensweisen, Einstellungen oder Meinungen noch erlaubt sind oder nicht mehr toleriert werden. So ist es beispielsweise noch hinnehmbar, wenn jemand um 22.05 Uhr Lärm macht, obwohl es eine gesellschaftliche Norm gibt, der zufolge jede Lärmbelästigung nach zehn

Uhr abends zu unterbleiben hat. Hier handelt es sich tatsächlich um eine soziale Norm, denn eigentlich ist jeder übermäßige Lärm Tag und Nacht verboten.

Eine soziale Norm ist immer Ausdruck einer bestimmten Gemeinschaft, sie ist nichts Angeborenes: Damit sich der Einzelne an die Norm hält, muss sie ihm gesellschaftlich vermittelt werden. Eine gesellschaftliche Norm beruht immer auch auf einer Wertvorstellung. Sie bezeichnet Ereignisse, die von der Gruppe, die die Norm aufgestellt hat, als wünschenswert erachtet werden. Der Wert ist frei von jeglichem Wahrheitskriterium, denn was wünschenswert ist, muss nicht unbedingt auch wahr sein.

*

Sherif hat untersucht, wie sich soziale Faktoren auf die Wahrnehmung auswirken, und dabei aufgezeigt, auf welche Weise innerhalb einer Gruppe Normen entstehen. Bei der so genannten Normenbildung kommt es zu einer Angleichung der Verhaltensweisen, d.h. zur Ausbildung sozialer Normen, wenn eine Situa-

tion nicht eindeutig ist. Was passiert also in einer Situation, in der noch keine Normen vorhanden sind? Wie verhält sich ein Mensch in solch einer Situation? Bildet er sich seine individuelle Norm? Und wenn ja, was geschieht mit dieser Norm, wenn er mit anderen Personen konfrontiert wird?

Die Schwierigkeit für Sherif lag darin, eine Versuchskonstellation zu finden, die von den einzelnen Probanden unterschiedlich wahrgenommen werden konnte und in der es noch keine bestehende Norm gab. Um eine derart unklare Situation zu schaffen, machte sich Sherif ein in der Astronomie wohlbekanntes Phänomen zunutze: den autokinetischen Effekt. Dabei handelt es sich um eine Sinnestäuschung, die eintritt, wenn wir beim Betrachten eines einzelnen Sterns am vollkommen dunklen Himmel meinen, innerhalb unseres Blickfeldes verändere sich die Lage dieses Sterns. Ohne irgendeinen Bezugspunkt entsteht die Illusion von Bewegung. Was könnte wohl weniger eindeutig sein als eine optische Täuschung!

*

Das Experiment fand an der Columbia-Universität statt. Die Versuchspersonen, alles junge Männer, Studenten im Alter von 19 bis 30 Jahren, saßen in einem lang gestreckten, völlig abgedunkelten Raum. An die hintere Wand konnte mithilfe einer ausgeklügelten Apparatur ein Lichtpunkt projiziert und wieder ausgeblendet werden. In völliger Dunkelheit und ohne irgendeinen Bezugspunkt hatten die Teilnehmer den Eindruck, dieser Punkt bewege sich mehr oder weniger unregelmäßig. In Wirklichkeit blieb er natürlich immer an ein und derselben Stelle.

Jeder Proband sollte sagen, ab wann er „sah", dass sich der Lichtpunkt bewegte, und am Ende des Versuchs angeben, welche Strecke der Punkt seiner Meinung nach zurückgelegt hatte. Das Experiment erstreckte sich über mehrere Tage, an denen jede

Versuchsperson mehrere Serien von jeweils 100 Tests absolvierte. Sherif verglich dabei in Wirklichkeit mehrere Versuchsbedingungen miteinander, d.h. mehrere Varianten:

* die Einzelsitzung: Jeder Teilnehmer war mit dem Versuchsleiter allein;
* auf die Einzelsitzung folgte eine Gruppensitzung: eine Gruppe von zwei bis drei Personen, in der jede bei jedem Versuch erfuhr, wie die Schätzungen der anderen ausgefallen waren;
* auf die Gruppensituation folgte erneut eine Einzelsitzung.

Bei den Einzelsitzungen stellte Sherif fest, dass die ersten Schätzungen recht stark variierten:

1. Versuch – *„Oh lala, der Punkt hat sich ziemlich heftig bewegt, … hm … ich würde mal sagen um 40 cm.“* 2. Versuch – *„Jetzt habe ich den Eindruck, als bliebe er eher an seinem Platz … na ja … vielleicht 5 cm.“* 3. Versuch – *„Also ich weiß nicht recht … ich glaube 30 cm.“* 4. Versuch – *„Vielleicht 12 cm?“*

Mit der Zeit verringerten sich die Unterschiede.

„20 cm … 22 cm … 19 cm … 21 cm … 20 cm …"

Die Versuchspersonen bildeten sich allmählich ihre eigene Norm. Diese individuelle Norm diente ihnen bei den folgenden Einschätzungen als Referenzrahmen, da ihnen unter den gegebenen Umständen kein objektiver Maßstab zur Verfügung stand. Selbstverständlich konnte diese individuelle Norm (im obigen Beispiel 20 cm) ganz erheblich von den Schätzungen der anderen Versuchsteilnehmer abweichen. Diese Abweichungen der Einzelnen untereinander sind die so genannten interindividuellen Abweichungen. Jeder prägte sich seine eigene Norm und verringerte sehr rasch die Bandbreite seiner Antworten: Sie gruppierten sich bald um einen mittleren Wert. Da wir aber alle unterschiedlich sind, kann dieser mittlere Wert von Person zu Person enorm stark variieren.

Was geschah aber, als die Versuchsteilnehmer nun in eine Gruppensituation gebracht wurden? Anders ausgedrückt, wie verhält sich jemand, der sich bereits seine individuelle Norm gebildet hat, in Gegenwart anderer?

Sherif beobachtete genau das Gleiche nun auf kollektiver Ebene: Jetzt, da die Schätzungen in Gegenwart der anderen Gruppenmitglieder abgegeben wurden, tendierten die Versuchspersonen dazu, sich auf gemeinsame Normen und Abweichungen einzupendeln. Jeder Versuchsteilnehmer veränderte ganz allmählich sein ursprüngliches Referenzsystem (das von Person zu Person unterschiedlich war), und so gelangten

sie schließlich zu einem gemeinsamen System. Jeder gab mit der Zeit seine eigene, ganz persönliche Norm auf oder veränderte sie, um zusammen mit den anderen eine Gruppennorm aufzustellen. Diese Norm entstand also durch die Konvergenz der individuellen Schätzungen.

Je nach Gruppe spiegelte die gemeinsam angenommene Norm entweder den dominierenden Einfluss eines der Versuchsteilnehmer wider (beispielsweise den einer ganz besonders selbstsicher wirkenden Person, an der sich die anderen orientierten), oder es handelte sich um einen Kompromiss, d.h., man hatte sich auf einen mittleren Wert geeinigt; es konnte aber auch eine ganz neue Norm dabei entstehen.

Sherif interessierte aber noch eine letzte Frage. Wie verhält sich ein Mensch, wenn er allein entscheiden soll, nachdem zuvor eine Gruppennorm erstellt worden war? Das war die dritte und letzte Versuchskonstellation. Waren die Probanden wieder ganz auf sich gestellt, entwickelten sie kein eigenes Bewusstsein, sondern übernahmen die Norm der Gruppe (die kollektive Norm) aus den vorhergehenden Versuchen, ohne sich dessen unbedingt bewusst zu sein.

Sherif zufolge lassen sich diese Ergebnisse durch die Verringerung der Unsicherheit erklären. Charakteristisch für die Situation, in die er die Teilnehmer an seinem Experiment versetzt hatte, war nämlich vor allem die Tatsache, dass sich die Versuchspersonen über die Richtigkeit ihrer Antworten nicht im Klaren waren. *„Habe ich Recht? Habe ich mich geirrt? Ob der Kollege dort vielleicht schon einmal mit einer solchen Situation konfrontiert war? Und möglicherweise studiert er ja irgendetwas Naturwissenschaftliches und kann besser schätzen als ich?"* Wir sind allem Anschein nach daran interessiert, diese Unsicherheit zu verringern. Da den Versuchspersonen keine objektiven Kriterien zur Verfügung standen, durch die sie die Richtigkeit ihrer Antworten überprüfen konnten, richteten sie sich nach den Antworten der übrigen

Gruppenmitglieder. Die Uneindeutigkeit der Situation veranlasste sie also offensichtlich dazu, die Antworten der anderen zu
imitieren.

*

Machen wir einen Sprung über den Atlantik und wenden unsere
Aufmerksamkeit den Arbeiten von Germaine de Montmollin zu.
Wir sind in Frankreich, und zwar Mitte der 1960er Jahre. Die
französische Sozialpsychologin wollte das Experiment von Sherif wiederholen, um den Prozess, der zur Normenbildung führt,
d.h. zur Erstellung einer Norm innerhalb einer Gruppe, besser
zu verstehen.

De Montmollin setzte jedoch nicht noch einmal den autokinetischen Effekt ein, sondern verwendete einfach ein Brett, auf dem
80 bunte Schokolinsen lagen. Dieses Brett wurde ihren studenti-
schen Versuchspersonen nur vier Sekunden lang gezeigt, so dass
diese unmöglich genug Zeit hatten, die Smarties zu zählen …,
ebenso unwahrscheinlich war, dass es sich bei den Versuchspersonen um Experten für derartige Übungen handelte oder dass sie
bereits zuvor schon einmal eine ähnliche Aufgabe gelöst hatten.
Jeder Student sollte also die Anzahl der Schokolinsen schätzen.
Das Ergebnis dieser Schätzung wurde den anderen Gruppenmitgliedern mitgeteilt, bevor ein neuer Versuch folgte. Selbstverständlich war keiner der Studenten in solchen Aufgaben geübt,
und es war unmöglich, die richtige Antwort zu geben, nachdem
sie das Brett nur wenige Sekunden gesehen hatten.

Wie bei den Arbeiten von Sherif zeigte sich, dass sich die Antworten einander annäherten. De Montmollin zufolge berücksichtigten die Versuchsteilnehmer, wie sich die Antworten in
ihrer Gruppe verteilten, und verhielten sich wie kleine Statistiker
oder Mathematiker. Jeder ging auf die gleiche Weise vor, und
deshalb war es ganz normal, dass die Antworten immer ähnlicher

wurden. Ihre Konvergenz ließ sich offenbar dadurch erklären, dass jeder für sich die gleiche Rechnung angestellt hatte. Jeder hatte im Kopf den Mittelwert aus seiner Antwort und denen der anderen gebildet, und deshalb gelangten alle ungefähr zum gleichen Ergebnis.

In diesen Mittelwert gingen selbstverständlich nur die Antworten ein, die wahrscheinlich erschienen. Gab jemand aus der Gruppe an, er habe drei oder 4523 Schokolinsen gesehen, so nahm niemand diese Schätzungen ernst. Deshalb berücksichtigten manche Versuchsteilnehmer die stark abweichenden Antworten erst gar nicht und beschränkten sich darauf, ihre Einschätzung auf die Angaben der Teilnehmer zu stützen, deren Schätzwerte in etwa mit ihren eigenen übereinstimmten.

*

Einige Jahre später schlug ein weiterer französischer Sozialpsychologe, Serge Moscovici, eine andere Erklärung vor. Er deutete das Phänomen der Konvergenz oder der Normenbildung als eine Art der Konfliktvermeidung. In den Untersuchungen, die wir geschildert haben (sowohl von Sherif als auch von de Montmollin) war eine unmittelbare Übereinstimmung aufgrund der Versuchsanordnung unmöglich. Denn dazu hätten die Versuchspersonen die Antworten aller anderen kennen müssen, bevor sie ihre erste Schätzung abgaben. Jeder Proband war sich also bewusst, dass zwischen seiner ersten Antwort und denen der anderen Teilnehmer eine (mehr oder weniger große) Diskrepanz bestand. Moscovici zufolge gab es also einen Konflikt zwischen den Antworten. Allerdings handelte es sich hier um eine besondere Art von Konflikt, denn keinem der Versuchsteilnehmer war seine Antwort wirklich wichtig, sei es nun die von einem Lichtpunkt zurückgelegte Strecke oder die Anzahl der Schokolinsen. Sie hatten folglich keinerlei Grund „sich für ihre Antwort zu schlagen" oder zu versuchen, die anderen von ihrer Meinung zu überzeugen. Unter diesen Umständen war anscheinend jeder bemüht, den Konflikt zu vermeiden, und näherte seine Antwort deshalb möglichst denen der anderen an.

Normenbildung wäre demnach also eine Art Verhaltensstrategie, mit der sich Konflikte vermeiden lassen. Diese Konfliktvermeidung gelingt aber nur in dem besonderen Fall, dass den Teilnehmern der Gegenstand der Beurteilung gleichgültig ist. Im gegenteiligen Fall würden sie nicht unbedingt versuchen, dem Konflikt aus dem Weg zu gehen, sondern ihn möglicherweise suchen. Dann ginge es nicht mehr um Konvergenz, sondern vielmehr darum, die anderen zu überzeugen.

Die amerikanische Fernsehserie *Lost* (in Deutschland zuerst vom Privatsender Premiere, später von ProSieben ausgestrahlt) erzählt die Geschichte von 48 Passagieren, die den Absturz des Fluges 815 der Ocean Airlines überlebt haben und auf einer tropischen Insel gestrandet sind, von der sie annehmen, dass sie unbewohnt ist. In der ersten Folge dieser Serie werden die verschiedenen Protagonisten kurz nach dem Flugzeugabsturz vorgestellt. In dieser für alle neuen Situation muss sich die Gruppe von Gestrandeten, die sich klick! untereinander nicht kennen, organisieren, zusammenraufen, neue Normen schaffen und lernen miteinander zu leben.

2

Invasion vom Mars! Rette sich, wer kann!

Menschenmengen und Massenpanik

30. Oktober 1938. Grover's Mill, Vereinigte Staaten von Amerika.

20 Uhr 05. Sie haben gerade zu Abend gegessen und machen es sich im Wohnzimmer gemütlich. Ihr kleiner Sohn spielt vor dem Kamin mit dem Feuerwehrauto, das Sie ihm geschenkt haben. Ihre Frau bringt Ihnen einen Drink und schaltet das Radio ein. Der Sprecher des Senders CBS kündigt die Direktübertragung eines bunten Abends aus einem großen Hotel an. Sie vertiefen sich in Ihre Zeitung. Plötzlich wird die Musik und damit auch Ihre Lektüre durch eine Sondermeldung unterbrochen. Die Sternwarte in Jenning, Illinois, hat eine starke Eruption auf der Oberfläche des Planeten Mars beobachtet. Die Musik setzt wieder ein und Sie setzen Ihre Zeitungslektüre fort.

20 Uhr 50. Der Motor läuft. Sind alle im Wagen? Zeit, um irgendwelche Dinge einzupacken, bleibt Ihnen jedenfalls nicht mehr. Sie müssen fort. Im Radio haben sie gesagt, jeder solle fliehen. Die Außerirdischen sind da, und das nur knapp zehn Kilometer von hier. Was ist das? Ein Traum? Nein. Sie sind unfreiwillig Opfer eines Radioscherzes ...

*

Am Abend des 30. Oktober 1938 brachte CBS eine Hörspielversion des Romans *Der Krieg der Welten* von Herbert George Wells, gespielt von der Theatergruppe „Mercury" unter der Regie von Orson Welles. Diese Sendung, in der die plötzliche Invasion von Marsmenschen und damit die Bedrohung der gesamten Menschheit geschildert wurden, versetzte damals Hunderttausende amerikanischer Rundfunkhörer in wilde Panik.

„Noch bevor die Sendung zu Ende war, fingen überall im Land die Menschen an zu beten und zu weinen, und sie versuchten verzweifelt, sich vor der Invasion durch die Marsbewohner in Sicherheit zu bringen", berichtet der amerikanische Wissenschaftler Cantril, der sich einige Tage später mit dieser Panik befasste. „Einige versuchten, ihre Angehörigen zu retten. Andere verabschiedeten sich oder telefonierten, um vor der Gefahr zu warnen, und sie benachrichtigten ihre Nachbarn. Wieder andere lauerten gespannt auf die kleinste Zeitungs- oder Radiomeldung oder riefen bei den Rettungsdiensten an."

Am Abend des 30. Oktober 1938 liefen die Drähte bei den Telefonvermittlungsstellen der Feuerwehr, der Rettungsdienste und der Rundfunkstationen heiß ... in den Vereinigten Staaten herrschte Panik! Und die Polizei besetzte das Sendestudio, in dem sich Orson Welles und seine Truppe aufhielten ...

*

Drehen wir die Zeit zurück. Herbert George Wells verdanken wir einige der großen Klassiker der Fantasy- oder Science-Fiction-Literatur: *Die Zeitmaschine, Die Insel des Dr. Moreau, Der Unsichtbare, Die ersten Menschen auf dem Mond* und natürlich *Der Krieg der Welten.* Von April bis November 1897 erschien *Der Krieg der Welten* als Fortsetzungsroman in *Pearson's Magazine,* bevor das Werk (mit einem abgewandelten Schluss) 1898 im englischen Verlag W. Heinemann als Buch herauskam. Der Roman wurde in viele Sprachen übersetzt und immer wieder aufgelegt.

Geschildert wird die Invasion der englischen Provinz durch die Marsbewohner. Auf dem Mars hatte sich eine Umweltkatastrophe ereignet, und deshalb mussten seine Bewohner anderswo Zuflucht suchen. Mit Hilfe ihrer Teleskope hatten sie die Erde entdeckt und beschlossen, dort einzufallen. Im Kino erfreut sich das Thema der Invasion durch Außerirdische großer Beliebtheit. Zu nennen wären unter anderem die Filme *Der Tag, an dem die Erde stillstand* (1951); *Invasion vom Mars* (1953); *Fliegende Untertassen greifen an* (1956); *Unheimliche Begegnung der dritten Art* (1977); *E.T. – der Außerirdische* (1982); *Invasion vom*

Mars (1986); *Mars Attacks* (1996), *Independence Day* (1996); *Evolution* (2001) und viele andere mehr. Die erste Kinoversion von *Krieg der Welten* unter der Regie von Byron Haskin aus dem Jahr 1953 ist noch immer aktuell. Steven Spielberg hat 2005 ein Remake vorgelegt, die Geschichte allerdings abgeändert.

*

Ende 1937 bewilligte die Rockefeller Stiftung der Universität Princeton Gelder für eine Studie über den Einfluss des Rundfunks auf die Hörer. Unter der Leitung von Paul Lazarsfeld (amerikanischer Soziologe österreichischer Herkunft und damals Direktor des Zentrums für Rundfunkforschung an der Universität Princeton) und Hadley Cantril wurde ein Team von Wissenschaftlern zusammengestellt. Die *New York Times* vom 20. Dezember 1938 berichtete, dass ein Wissenschaftlerteam der Princeton-Universität „die Auswirkungen der kürzlich ausgestrahlten Sendung von Orson Welles über die Invasion vom Mars" untersuchen wollte, und 1940 erschien das von Hadley Cantril herausgegebene Buch *The Invasion from Mars: A Study in the Psychology of Panic* (Princeton University Press), in dem er die Forschungsergebnisse der Gruppe zusammengefasst hatte.

*

Die Interviews begannen eine Woche nach der Ausstrahlung der Sendung und wurden über einen Zeitraum von drei Wochen fortgeführt. Schätzungsweise sechs

...fliehen Sie, solange noch Zeit ist!!

Millionen Hörer hatten die Sendung verfolgt. Eine damals durchgeführte Umfrage ergab, dass 28 Prozent der Hörer die gesendeten Nachrichten für wahr gehalten und 78 Prozent hiervon sich gefürchtet hatten oder besorgt gewesen waren. Das bedeutet, dass ungefähr 1,7 Millionen Menschen geglaubt hatten, eine Sondermeldung gehört zu haben, und 1,2 Millionen durch die Sendung verstört worden waren! Über eine Million Menschen reagierte demnach am Abend des 30. Oktober 1938 mit Panik, weil sie dachte, ihr Land werde von Marsbewohnern überfallen …

Cantril und seine Mitarbeiter wiesen jedoch auch auf die Tatsache hin, dass die Zahl derjenigen, die ihre Furcht zugaben, nur einen geringen Bruchteil der Personen darstellte, die tatsächlich Angst hatten. Manch einer schämte sich seiner Reaktion sicherlich so sehr, dass er sich in den Interviews nicht dazu bekannte …

An die 92 Rundfunkanstalten, die das Hörspiel ausgestrahlt hatten, wurden Fragebögen verschickt, um zu ermitteln, wie viele Anrufe unmittelbar nach der Sendung bei ihnen eingegangen waren. Über ein Drittel von ihnen schätzte, dass die Zahl der Anrufe um fast 500 Prozent höher gelegen habe als an einem gewöhnlichen Samstagabend!

*

„Ich wusste, dass irgendetwas Schreckliches passiert war, und ich bekam Angst“, erzählte Frau Ferguson, eine Hausfrau aus New Jersey, einem der Mitarbeiter des Forschungsteams um Cantril. *„Aber ich wusste nicht genau, was es war. Dass die Welt untergehen würde, konnte ich nicht glauben. Wenn das Ende der Welt gekommen ist, so hatte*

man uns doch immer beigebracht, hätte niemand mehr die Zeit, sich des-
sen bewusst zu werden. Warum also machte Gott sich die Mühe, uns durch
diese Sendung zu warnen? Als sie im Radio dann aber ganz genau angaben,
welchen Highway wir nehmen sollten, fingen die Kinder an zu weinen, und
unsere Familie beschloss aufzubrechen. Wir packten Decken ein, und meine
Enkeltochter wollte die Katze und den Kanarienvogel mitnehmen. Gerade,
als wir aus der Garage fuhren, kam der Sohn unserer Nachbarn und sagte,
es sei alles nur ein Spiel."

Warum diese Panik? Warum beten, schreien, fliehen? Manche
Hörer glaubten anscheinend wirklich, ihre Sicherheit und sogar
ihr Leben stünden auf dem Spiel. Es handelte sich um eine Situation, in der sie sich persönlich bedroht fühlten.

*

Es muss allerdings gesagt werden, dass die Sendung ganz besonders sorgfältig vorbereitet worden war. 27 Millionen der insge-
samt 32 Millionen amerikanischer Haushalte verfügten damals
über ein Radiogerät (das waren mehr als Autos oder Telefone).
Der Rundfunk war zu jener Zeit das Massenmedium par excellence und spielte in den Vereinigten Staaten (aber auch in Europa) eine zentrale Rolle. Die Rundfunkansprachen von Präsident
Roosevelt hatten das Radio für die Amerikaner zu einem Me-

dium gemacht, auf das sie nicht mehr verzichten konnten und das in direkter Konkurrenz zur Tagespresse stand.

Howard Koch, der einige Jahre später das Drehbuch für den Film *Casablanca* verfasste, hatte für Orson Welles den Roman *Der Krieg der Welten* zu einem Hörspiel umgeschrieben und die Handlung an die Ostküste der Vereinigten Staaten, in den Ort Grover's Mill im Bundesstaat New Jersey unweit von New York verlegt. Eine angebliche Direktübertragung wurde durch Sondermeldungen unterbrochen, in denen Experten als Zeugen der Ereignisse der Sendung Glaubwürdigkeit verleihen sollten. Im vorliegenden Fall waren es Astronomen (der fiktive Professor Pierson, der über die ersten Eruptionen auf der Oberfläche des Planeten Mars berichtete, wurde übrigens von Orson Welles höchstpersönlich gespielt).

Um die Quellen glaubwürdig erscheinen zu lassen, ließ Koch außerdem Vertreter des Militärs zu Wort kommen, die über mögliche Verteidigungsstrategien und Evakuierungsmaßnahmen unterrichteten. Die ersten Meldungen erschienen noch mehr oder weniger glaubhaft, wenn auch ungewöhnlich (Explosionen auf dem Mars, Meteoriten, die sich der Erde näherten und auf ihr einschlugen …). Als die ganze Geschichte aber immer absurder wurde, verkündete gleichzeitig der Sonderberichterstatter im Radio, er könne nicht glauben, was er sehe, und es fehlten ihm die Worte, um das Gesehene zu beschreiben …

Unter der folgenden Internetadresse können Sie die Originalsendung (in englischer Sprache) vom 30. Oktober 1938 nachhören: http://d.pr/8T3p.

*

Doch nicht alle Hörer glaubten, was sie hörten, oder zumindest reagierten nicht alle gleich. Zum einen gab es jene, die erkannten, dass es sich um ein Hörspiel handelte. Entweder hatten sie zuvor einen Blick in die Zeitung geworfen (denn Orson Welles' Radiofassung war angekündigt worden), oder sie kannten den Roman von H. G. Wells und die Science-Fiction-Literatur.

Und dann gab es jene, die auf ein anderes Programm umschalteten, weil sie zwar vermuteten, es handele sich um ein Hörspiel, das Gehörte aber trotzdem auf anderem Wege überprüfen wollten, vor allem, als die Nachrichten allzu „fantastisch" wurden. Explosionen oder ein Meteorit, das konnte ja noch angehen, das Raumschiff hingegen oder der riesige grüne Krake (als der die Außerirdischen beschrieben wurden) ließen doch bei mehr als nur einem Hörer Zweifel aufkommen!

Mit Sicherheit ist das das Ende der Menschheit!

Schnief

Schnief

Schnief

Und schließlich waren da noch jene, die die Sendung zu Ende anhörten. Sie versuchten gar nicht erst, den Sender zu wechseln, weil sie zu große Angst hatten und glaubten, die Nachrichten seien echt. Sie achteten vor allem auf das, was in ihrer Umgebung geschah: Das Heulen einer Polizei- oder Feuerwehrsirene konnte doch nur bedeuten, dass die Marsbewohner näher rückten! Sehr viele Radiohörer wurden von einer so heftigen Panik erfasst, dass sie schier nicht mehr in der Lage waren umzuschalten. Andere fanden sich mit der Situation ab und warteten auf das, was da kommen würde. Wieder andere gelangten zu dem Schluss, sie müss-

ten auf diese Krisensituation reagieren, und machten sich deshalb bereit zu fliehen oder zu sterben.

*

Bei den Menschen, die von einem Gefühl der Panik ergriffen wurden, handelt es sich um so genannte „suggestible" Personen. Sie schenkten dem Gehörten unmittelbar Glauben und verzichteten darauf, die Informationen in irgendeiner Weise zu überprüfen.

Im vorigen Kapitel war die Rede von kollektiver Ignoranz. Was geschieht, wenn ein Mensch nicht weiß, wie er angesichts einer unbekannten Situation handeln oder sie deuten soll? Wenn alle anfangen wegzulaufen, dann läuft auch er! Wenn er versucht, die gehörte Nachricht zu überprüfen, erkundigt er sich bei seinen Nachbarn …, die aber dieselbe Sendung verfolgen wie er! Und er ist genauso schlau wie vorher …

In den Tagen nach der Ausstrahlung berichteten die Zeitungen über zahlreiche Herzinfarkte und sogar Selbstmorde. Sollten die Amerikaner tatsächlich dermaßen „suggestibel" sein?

*

In seinem Buch *La guerre des mondes a-t-elle eu lieu?* (2005) vertritt Pierre Lagrange die Ansicht, dass sich hinter dem von Orson Welles mit seinem Hörspiel verbreiteten Gerücht etwas ganz anderes verbirgt: das Gerücht nämlich, dass es an jenem Abend

zu einer totalen Panik gekommen sei. Diese Panik sei in Wirklichkeit erst am Tag danach von den Medien losgetreten worden. *„Man darf sich zu Recht die folgende Frage stellen: Was hat eigentlich dazu beigetragen, die Idee so wirksam zu verbreiten? Das Verhalten eines kleinen Teils der Hörer oder der ungeheure Medienrummel am nächsten Tag?"* fragt sich Lagrange.

Er leugnet zwar nicht, dass etwas geschehen ist, möchte aber aufzeigen, dass die Vorstellung von einer naiven und verängstigten Hörerschaft falsch ist. Es geht gar nicht um die Panik der Radiohörer am Abend des 30. Oktober. Die Panik setzte erst am folgenden Tag ein, die Panik der Intellektuellen nämlich, die glaubten, Amerika sei von einer Welle der Irrationalität erfasst worden. Am Tag danach kannte die Presse nämlich nur ein Thema: die durch die Sendung ausgelöste Panik.

Damals gab es einerseits die gebildeten Schichten, die so genannten Eliten (Intellektuelle, Wissenschaftler, Journalisten), und andererseits die einfache Bevölkerung. Die Vorstellung, dass es zu seiner Panik gekommen sei, stammte von den Eliten. Sie glaubten, dass sich das gesamte „amerikanische Volk" aus Dummköpfen zusammensetzte, die bereit waren, jedem alles zu glauben.

Durch die Presse wurde die Zahl der in Panik versetzten Hörer noch künstlich in die Höhe getrieben (ein und dieselbe Geschichte wurde in mehreren Zeitungen abgedruckt und ständig wiederholt). Man ging sogar so weit, Selbstmorde und Unfälle hinzuzudichten! Unter diesen Umständen fällt es nicht schwer sich vorzustellen, dass die Menschen beim Rundfunk oder der Polizei anriefen, weil sie „panisch" oder „total verängstigt" waren, und nicht nur, weil sie sich informieren wollten.

Lagrange fügte noch hinzu, dass *„der Glaube an die Panik zum Erkennungszeichen der seriösen Bürger geworden war. Oder besser noch: Diese Tatsache erlaubte es, unsere Meinung von der Gesellschaft als einem irrationalen Monster zu rechtfertigen. [...] Mit dieser Überzeugung konnten wir mehrere Jahrzehnte lang unseren Zweifel an der Existenz fliegender Untertassen rechtfertigen und messerscharfe rationale Analysen unterstützen. Wer den irrationalen Glauben an UFOs anprangerte, stellte seine eigene Vernunft unter Beweis und glaubte fest an die von Orson Welles ausgelöste Panik."*

Es gab also gar keine Massenhysterie, sondern vielmehr ein Gerücht, das sich im Laufe der Tage und Wochen verbreitete und das

auch weiterhin herumgeistern wird. Dennoch lässt sich schwerlich leugnen, dass einige Zehntausend Amerikaner tatsächlich in Panik geraten waren. Diese geschätzte Zahl ist selbstverständlich mit Vorsicht zu genießen und darf möglicherweise angesichts der sechs Millionen Hörer der Sendung auch vernachlässigt werden.

*

Orson Welles' Radioscherz hat mehrfach Nachahmer gefunden. Am 12. Dezember 1944 versuchten die Marsbewohner, in Chile zu landen! Der Rundfunksender Radio Cooperativa Vitalicia brachte zu Ehren von Orson Welles eine Fassung von *Der Krieg der Welten* in spanischer Sprache. Obwohl die Geschichte bekannt war, reagierten Teile der Bevölkerung von Santiago beunruhigt. Einige Tage später entschuldigte sich der Sender. Am 12. Februar 1949 kam es in Quito zu mehreren Verletzten und Toten. Waren die Marsbewohner daran Schuld? Indirekt ja, denn als sich am Ende der Sendung herausstellte, dass alles nur eine Täuschung war, stürmte der Mob das Rundfunkgebäude und wurde gegen die Sprecher tätlich!

Doch was würde wohl *heute* passieren, wenn man das „Experiment" noch einmal wiederholte? Aufgrund der ungeheuren Medienvielfalt (und der Rolle, die das Internet für die Information spielt) dürfte es nicht zu einer Panik kommen.

Vor einigen Jahren, am 13. Dezember 2006, unterbrach der staatliche belgische Fernsehsender RTBF (französischsprachig) sein Programm für eine falsche Nachrichtensondersendung. Der Nachrichtensprecher verkündete, der flämische Teil Belgiens habe sich vom übrigen Königreich losgesagt und „seine Unabhängigkeit erklärt, der König habe das Land verlassen". In den Schlagzeilen einiger Zeitungen war von Panik die Rede, doch dabei handelte es sich vermutlich eher um Effekthascherei, vielleicht auch um eine Anspielung an Orson Welles, und nicht so sehr um die konkrete Realität.

Dieser Vorfall hat die Amerikaner zutiefst geprägt, und in Fernsehserien oder Filmen wird sehr häufig auf Orson Welles Bezug genommen.

Akte X beispielsweise parodiert die Panik in einer Kleinstadt namens Grove Miller (in Anlehnung an Grover's Mill, wo Orson Welles die Handlung spielen ließ), in der die Bewohner sich vor einer Invasion durch einen Schwarm „Roboterküchenschaben" fürchten. In einer Folge der Serie *Eine himmlische Familie* hat Rosie Angst vor der Jahrtausendwende. Daraufhin erzählt ihr Vater Eric die Geschichte von Orson Welles' Radioscherz, um ihr zu beweisen, dass die Welt nicht untergegangen ist, obwohl damals alle daran glaubten. Auch in mehreren Folgen der *Simpsons* oder von *Doctor Who* wurde bereits auf den *Krieg der Welten* angespielt.

In einer Folge der Serie *Cold Case* geht es um einen Mord, der sich angeblich am 30. Oktober 1938 „während der Invasion vom Mars" ereignet hatte, ein Zeichen dafür, wie stark sich dieses Ereignis in das kollektive Gedächtnis der Amerikaner gebrannt hat. Der Polizeichef informiert darüber, dass der Mord im Jahr 1938 verübt worden war und fragt die ihn begleitenden Polizisten, ob sie an Außerirdische glauben. Lilly Rush versteht den Hinweis sofort und erinnert sich, klick! dass ihre Großmutter (als persönliches und familiäres Gedächtnis) ihr erzählt hat, sie habe damals wochenlang unter Albträumen gelitten.

3

Es scheint so, als ob ...
Verbreitung von Gerüchten

1945. Harvard-Universität, Cambridge, Vereinigte Staaten von Amerika.

Ich warte, dass ich drankomme. Der Nächste, das bin ich.

Ich habe ihn gestern kennen gelernt. An seinen Namen erinnere ich mich nicht mehr, aber er arbeitet zusammen mit dem bekannten Professor Allport, und er suchte Freiwillige für eine Studie. Er hat mir gleich gesagt, dass ungefähr 200 Zuschauer dabei sein würden. Ich habe ein wenig Lampenfieber.

So, jetzt bin ich an der Reihe. Der große, voll besetzte Hörsaal ist wirklich beeindruckend. Da hinten scheint irgendetwas an die Leinwand projiziert zu sein, aber ich soll hier stehen bleiben.

Jemand erklärt mir das Bild dort an der Wand und nennt dabei viele Einzelheiten. Mein Gott, nicht so schnell, ich kann mir das doch unmöglich alles merken. Na ja, gib dir Mühe. Endlich, er ist mit seiner Beschreibung zu Ende. Jetzt soll ich dem Nächsten, der den Hörsaal betritt, so genau wie möglich wiederholen, was ich gerade gehört habe.

Also..hm … es geht um eine tätliche Auseinandersetzung in der U-Bahn. Und … also zwei Leute prügeln sich … und … wie schrecklich, ich kann mich nicht mehr daran erinnern, was er mir erzählt hat … Nein, tut mir Leid, ich kann dazu nicht mehr sagen.

Danke. Auf Wiedersehen. Schade, nun habe ich Professor Allport nicht einmal zu Gesicht bekommen, doch es scheint so, als ob …

*

Der amerikanische Psychologe Gordon Allport wurde 1897 in Montezuma (Indiana) geboren und gilt als einer der Begründer der Persönlichkeitsforschung. Sein Bruder, Floyd Allport, war Professor für Sozialpsychologie. In seiner Eigenschaft als Chefredakteur der sehr einflussreichen Zeitschrift *Journal of Abnormal and Social Psychology* war Gordon Allport Mitglied der UNESCO und mehrerer Kommissionen. Als Professor an der Harvard-Universität wurde er vor allem durch seine Arbeiten über das menschliche Verhalten bekannt. Neben zahlreichen amerikanischen Psychologen war auch Stanley Milgram, dem wir in einem der folgenden Kapitel begegnen werden, einer seiner Studenten. Doch zu Beginn der 1940er Jahre forschte der angehende Psychologe Leo Postman unter seiner Leitung. Beide wollten auf experimentellem Weg untersuchen, wie sich Gerüchte verbreiten.

Es war Krieg. Pearl Harbour war in allen Köpfen. Zahlreiche Gerüchte kursierten. Präsident Roosevelt dementierte diese Gerüchte in seiner Rundfunkansprache vom 23. Februar 1942 offiziell und bestätigte die Richtigkeit der offiziellen Angaben über die erlittenen Verluste. Der Zweite Weltkrieg wurde also zum Auslöser für Untersuchungen über die Verbreitung von Gerüchten: Die Moral der Truppe und der Zivilbevölkerung waren von großem nationalen Interesse.

*

Drehen wir die Zeit zurück und gehen wir nach Europa. Wir befinden uns jetzt mitten in einem anderen Weltkrieg, dem Ersten. Es ist das Jahr 1914. Die Deutschen besetzen Antwerpen, und die Schlagzeile der *Kölnischen Zeitung* lautet: „Bei der Nachricht vom Fall Antwerpens läuteten die Glocken [in Deutschland]." Das französische Blatt *Le Matin* greift die Nachricht auf: „Wie die *Kölnische Zeitung* berichtet, wurden die Geistlichen von Antwerpen gezwungen, bei der Einnahme der Festung die Glocken zu läuten." In seinem 1928 erschienenen Werk *Falsehood in Wartime: Propaganda Lies of the First World War* (Lügen in Kriegszeiten: Eine Sammlung und kritische Betrachtung von Lügen, die während des Ersten Weltkrieges bei allen Völkern im Umlauf waren) zitiert Arthur Ponsonby fünf Meldungen aus fünf verschiedenen Zeitungen.

Nach *Le Matin* schreibt die *Times*: „Wie *Le Matin* aus Köln erfahren hat, wurden die belgischen Priester, die sich weigerten, bei der Einnahme von Antwerpen die Glocken zu läuten, aus dem Amt entfernt." Danach ist der *Corriere de la Sera* mit folgender Meldung an der Reihe: „Wie wir von der *Times* erfahren, die sich auf Informationen aus Köln und Paris beruft, wurden die armen

Priester, die sich geweigert hatten, bei der Einnahme von Antwerpen die Glocken zu läuten, zu Zwangsarbeit verurteilt." Und um den Kreis zu schließen, erlaubt sich *Le Matin*, die Nachricht (erneut) aufzugreifen: „Informationen des *Corriere de la Sera* zufolge, die dieser aus Köln und London erhalten hat, bestätigt sich, dass die barbarischen Eroberer von Antwerpen die armen belgischen Priester für deren heldenhafte Weigerung, die Glocken zu läuten, zur Strafe wie lebendige Klöppel an den Füßen aufgehängt haben."

Eine wunderbare Veranschaulichung des „Schneeballeffekts". Eine kleine Nachricht verändert sich, der Inhalt wird verfälscht und total verdreht! Aber keine Angst, diese fünf Nachrichten sind falsch. Pascal Froissart hat aufgezeigt, dass Ponsonby sie abgeschrieben und übersetzt hat ... und zwar von einem deutschen Journalisten, der verdeutlichen wollte, wie effizient die feindlichen Propagandadienste arbeiteten!

*

Kehren wir nun zum Zweiten Weltkrieg zurück. Wie bereits erwähnt, ist die Moral der Zivilbevölkerung in jedem Land, das sich im Krieg befindet, von nationalem Interesse. In den Vereinigten Staaten machten damals im Zusammenhang mit dem von der Regierung verordneten Rationalisierungsplan zahlreiche Gerüchte die Runde, wonach die reicheren Gesellschaftsschichten Lebensmittel verschwendeten. Deshalb wurden so genannte „Rumor-Clinics" eingerichtet, die diese Gerüchte untersuchen und sie vor allem bekämpfen sollten.

In einer dieser „Rumor-Clinics" arbeitete der Bruder von Gordon Allport, Floyd, zusammen mit einem jungen Mann namens Milton Lepkin. Sie verteilten Fragebögen mit zwölf Gerüchten, die aber nicht als solche kenntlich gemacht waren, an die Schüler von acht staatlichen Schulen in Syracuse. Über 500 von den Eltern ausgefüllte Bögen erhielten sie zurück.

Bei den Gerüchten in den Fragebögen ging es um die angebliche Verschwendung rationierter Waren durch Offiziere der Armee, Regierungsbeamte oder Industrielle. Einige thematisierten auch die Sonderprivilegien, die angeblich manche dieser Personen genossen.

Floyd Allport und Milton Lepkin interessierte die psychologische Erklärung, warum Gerüchten Glauben geschenkt wird. Ihrer Meinung nach kann dabei die Persönlichkeit des Menschen eine wichtige Rolle spielen: Manche der Befragten fanden offenbar ganz einfach Vergnügen an guten Geschichten, die das tägliche Einerlei ein wenig auflockerten. Und wenn diese Geschichte auch noch glaubhaft war, umso besser.

Andere genossen es, im Mittelpunkt der Aufmerksamkeit zu stehen: Hatten sie eine Geschichte zu erzählen, konnten sie sich damit in den Vordergrund spielen, und man hörte ihnen zu. Durch das Erzählen glaubten sie schließlich oft selbst an ihre Geschichte.

Allport und Lepkin wiesen auch darauf hin, dass manch einer den Gerüchten glaubte, weil das die Dinge vereinfachte und Antworten auf verschiedene Fragen gab. Eine überschäumende und zudem durch die Angst vor der Zukunft angeheizte Fantasie konnte ebenfalls dazu beitragen, für Gerüchte empfänglich zu werden.

Nach Ansicht der Forscher besaß also zu der Zeit jeder seine ganz persönliche Disposition, den Gerüchten Glauben zu schenken oder nicht. Die berühmten „Rumor-Clinics" wurden übrigens zum Zweck der Entmystifizierung und der Volkserziehung eingerichtet: Den Bürgern sollte beigebracht werden, den Gerüchten nicht zu glauben, und dazu mussten die falschen Vorstellungen, die dazu führten, ausgeräumt werden.

Bereits einige Jahre vor der Einrichtung der „Rumor-Clinics" war eine andere Art von „Labor" ins Leben gerufen worden: Das Institut für Propaganda-Analyse. Es sollte Propaganda wissenschaftlich analysieren, um sie unschädlich zu machen. Parallel dazu befassten sich die ersten Arbeiten über die Massenkommunikation mit den Medien, die mit ihrem Einfluss das Verhalten der Zielgruppe in die gewünschte Richtung lenken konnten. Wie man sieht, waren die Methoden der Amerikaner, einerseits die Propaganda und anderseits die Gerüchte zu bekämpfen, eng miteinander verwandt.

*

Ursprünglich bedeutete das Wort „Gerücht" so viel wie ein aus einer Menge hervorgehendes, undeutliches Stimmengewirr. Das lateinische „rumor" bezeichnete „eine sich ausbreitende, unbestimmte Behauptung, eine gängige Meinung". Allport und Postman zufolge handelt es sich um *„eine allgemein als wahr dargestellte Behauptung, deren Richtigkeit und Genauigkeit sich aber nicht anhand konkreter Kriterien überprüfen lässt".* Diese Definition stützt sich auf drei Annahmen: 1) Ein Gerücht verbreitet sich, weil es keinen konkreten Beweis gibt, der es widerlegt; 2) ein Gerücht wird normalerweise von Mund zu Mund weitergetragen (die wichtigste Rolle spielen dabei heute die Medien); und 3) ein Gerücht ist nur eine kurze Zeit lang von Interesse. Im Zentrum dieser ersten Definition stehen die Begriffe Wahrheit und Lüge. Grundlage dieser pathologischen Form der Nachrichtenweiterleitung ist das Modell der „stillen Post". Das muss man verstehen, um sie bekämpfen zu können.

*

Gordon Allport und sein studentischer Mitarbeiter Leo Postman stellten sich deshalb die folgende Frage: Wie verändert sich der Inhalt einer Nachricht, wenn sie von einem zum anderen weitergegeben wird? Ihrer Meinung nach sucht der Mensch immer nach Erklärungen, wenn Informationen nicht eindeutig genug sind. Deshalb ändert das Gerücht mit jeder Weitergabe ganz allmählich seinen Inhalt, abhängig davon, wie der Betreffende es aufgefasst hat.

Um das zu beweisen, konfrontierten sie eine erste Versuchsperson mit einem Bild, auf dem viele Einzelheiten zu sehen waren. Der Proband konnte sich die Zeichnung einige Sekunden lang anschauen, dann wurde sie abgedeckt und die Versuchsperson gebeten, einem anderen Teilnehmer zu beschreiben, was sie gese-

hen hatte. Der zweite Proband sollte dann einem dritten wiedergeben, was er vom ersten gehört hatte. Dieser wiederum erzählte es einem vierten usw. Auf diese Weise konnten Allport und Postman analysieren, was im Laufe des Übermittlungsprozesses aus der Nachricht wurde, und die Endfassung mit der Beschreibung des Ausgangsbildes vergleichen.

Das Bild, das am Ende dieses Kapitels zu sehen ist, zeigt beispielsweise eine Szene in einer U-Bahn. Fünf verschiedene Personen sitzen, zwei Fahrgäste stehen in der Mitte, ein Farbiger und ein Weißer. Dieser hält einen Gegenstand in der Hand, der sich als ein Rasiermesser deuten lässt. Wird nun nach dem Prinzip der „stillen Post" erzählt, was auf diesem Bild zu sehen ist, kommt es zu etlichen Verfälschungen. Nach der siebten Station hat die Nachricht ihre endgültige Fassung erreicht, denn nun ist sie kurz genug, um mechanisch wiederholt zu werden. Die maximale Reduktion scheint sogar bereits nach vier Stationen erreicht zu sein: Das Gerücht wird kürzer und knapper und ist damit leichter im Gedächtnis zu behalten und weiterzugeben. Eine Nachricht wird also umso korrekter wiedergegeben, je kürzer und genauer sie

ist. Diese Konsolidierung erklärt sich auch dadurch, dass weniger Möglichkeiten bestehen, eine Botschaft fantasiereich auszuschmücken, wenn die meisten Details weggefallen sind (denn sie sind häufig die Grundlage für spätere Verzerrungen).

*

Diesen ersten Prozess, den Allport und Postman mit ihrem Experiment zur Bildung von Gerüchten verdeutlichen konnten, bezeichneten sie als *levelling*, was soviel bedeutet wie Einebnung: Die Struktur der ursprünglichen Botschaft wird allmählich immer mehr verflacht, und damit wird es leichter, sie zu verstehen, im Gedächtnis zu behalten und weiter zu erzählen. Diese Einebnung vollzieht sich jedoch nicht rein zufällig. Zu diesem ersten Mechanismus kommt nämlich ein zweiter hinzu: das *sharpening*, die Zuspitzung. Die wenigen wahrgenommenen Elemente werden in den Berichten, die von einem zum anderen weitergegeben werden, tendenziell immer bedeutungsvoller. Auf unserem Bild beispielsweise konzentriert sich die Aufmerksamkeit fast immer auf die beiden Männer, die in der Mitte des Wagens stehen. Zur Zuspitzung gehört, dass eine gewisse Anzahl von Einzelheiten, die man für wichtig erachtet (ihre Zahl ist begrenzt), im Gedächtnis behalten und selektiv weitergegeben wird.

Der Auslöser für diese beiden Mechanismen liegt in einem dritten Vorgang, den Allport und Postman *assimilation* nannten, was mit subjektiver Einfärbung übersetzt werden kann. Der Grund für Hinzufügungen, Irrtümer, Auslassungen oder Übertreibungen liegt nämlich darin, dass die Personen bei der Weitergabe von Informationen an andere eben diese Informationen subjektiv gestalten, d.h. sie ihrem eigenen Werte- und Normensystem und ihren Einstellungen anpassen. Wie Allport und Postman häufig feststellen konnten, bestand bei unserem Bild eine ganz typische Veränderung darin, dass die bedrohliche Haltung des weißen Mannes verschwand und das Rasiermesser mit der Zeit in die Hand des Farbigen wanderte. Allport und Postman unterschieden mehrere Formen der *assimilation*: die subjektive Einfärbung des zentralen Themas (Einzelheiten der Nachricht werden abgewandelt, um die Kohärenz und Wahrscheinlichkeit zu erhöhen), die *assimilation* durch Verdichtung (Details werden zusammengefasst und nicht getrennt belassen) und die *assimilation* durch Antizipation (je nach ihren persönlichen Vorannahmen ändert die Versuchsperson Informationen ab oder fügt welche hinzu).

Diese drei Prozesse, die zur Verzerrung der Nachricht beitragen, stellen einen Mechanismus dar, durch den das Gerücht „konsolidiert" wird. Denn diese drei Faktoren machen das Gerücht unanfechtbarer und widerstandsfähiger, was seine Verbreitung vereinfacht.

*

Mithilfe dieses Experiments definierten Allport und Postman die beiden wesentlichen Voraussetzungen für die Verbreitung eines

Hände weg von unseren Kindern!

Attacke!!

Ihr außerirdischen Dreckskerle! Wir kriegen euch!

Knirsch, knirsch!

Seid trotzdem vorsichtig. Sie sollen über starke magische Kräfte verfügen!

Gerüchts: Das Thema muss sowohl für den Sender als auch für den Empfänger wichtig sein, und seine Wahrheit muss durch eine gewisse Uneindeutigkeit verschleiert werden.

Diese beiden Faktoren lassen sich ihrer Ansicht nach durch drei Umstände abschwächen:

* Ist das In-Umlauf-Bringen von Gerüchten nicht gern gesehen (etwa in einem Überwachungsstaat), neigen die Menschen dazu, sich mehr oder weniger zurückzuhalten. Trotz aller Verbote kursieren dennoch immer einige Gerüchte, vorausgesetzt, der Vorteil, der mit dem Aussenden einer Botschaft verbunden ist, überwiegt den Nachteil einer möglichen Sanktion.

* In einer heterogenen, kommunikationsarmen Bevölkerung treffen Gerüchte möglicherweise auf soziale Schranken und können sich deshalb nur in einem begrenzten Umfang ausbreiten. Denkbar ist nämlich, dass Homogenität eine Ursache, aber auch eine Folge der Ver-

breitung von Gerüchten sein könnte, denn eine homogene Gesellschaft fördert die Verbreitung sozialer Normen ganz besonders.

* Wenn die Menschen verstünden, welche Umstände sie für Gerüchte empfänglich machen, würden sie sich möglicherweise anders verhalten und dann das jeweilige Gerücht weder glauben noch weiterverbreiten.

Allport und Postman waren überzeugt, dass die Menschen wachsamer würden, wenn sie sich der Mechanismen, die ihrer Leichtgläubigkeit zugrunde liegen, bewusst wären. Dann würden sie verstehen und voraussehen, welche Nachteile potenziell aus den Gerüchten erwachsen könnten.

*

Der französische Forscher Rouquette weist jedoch darauf hin, dass die Frage, ob ein Gerücht wahr ist, für die betreffende Bevölkerung nicht unbedingt eine Rolle spielt: Das Gerücht existiert und kursiert, ganz gleich, ob die Menschen daran glauben oder nicht. Es handelt sich gar nicht um eine einfache mündlich weitergetragene Information, sondern wir haben es hier im Grunde mit der Art und Weise zu tun, wie das vorherrschende Denken in einer Gesellschaft vorzugsweise zum Ausdruck kommt. Im letzten Kapitel werden wir darauf zurückkommen.

Außerdem taucht ein Gerücht niemals *zufällig* auf. Es steht immer in einem engen Zusammenhang mit der Gruppe, in der es entsteht. Es sind keine Lügengeschichten, die rein zufällig oder auf irrationale Weise gebildet werden, sondern ganz einfach Geschichten, die für die Gruppe, in der sie verbreitet werden, einen Sinn ergeben, und deshalb besitzen sie gewissermaßen ihre ganz eigene Rationalität.

*

Sehr viele Gerüchte haben ihren Ursprung in dem, was gelegentlich als Verschwörungstheorie bezeichnet wird. Abenteuerberichte, Kriminal- oder Spionagegeschichten, Verschwörungen oder Komplotte sind Thema einer ganzen Literaturgattung. Ein gutes Beispiel aus jüngerer Zeit ist das Buch *Der Da Vinci Code* von Dan Brown. Aber den Mythos Verschwörung gibt es nicht nur in der fiktionalen Literatur. So legt der französische Journalist Thierry Meyssan in seinem Werk *L'Effroyable Imposture* (*11. September 2001. Der inszenierte Terrorismus. Auftakt zum Weltenbrand,* 2002) seine Version der Ereignisse vom 11. September 2001 in New York dar und schreibt die Verantwortung für die Anschläge einer „komplexen Gruppe aus Militärs und Industriellen" zu. Henri Madelin weist auf die gesellschaftliche Funktion von Verschwörungstheorien hin, die seiner Ansicht nach dem Zweck dienen, Erklärungen für Dinge zu liefern, die noch im Dunkeln liegen:

> Diese Erklärung ist umso überzeugender, als sie den Anspruch erhebt, einfach, weltweit gültig und frei von subtilen Details und Nuancen zu sein. Alles wird auf eine einzige Ursache zurückgeführt, alles wird in einen Rahmen gepresst – ganz besonders jene Elemente, die für die größte Verunsicherung sorgen und Angst auslösen [...] Das Schicksal wird gebändigt, in einen Rahmen gezwängt und begründet. Das Chaos erhält eine Ordnung. (Madelin, 2002, S. 484)

Die Themen der Komplott- und Verschwörungstheorien sind gesellschaftliche Produkte par excellence. In einem Vortrag aus dem Jahr 2006 vertrat Serge Moscovici die Ansicht, Verschwörungstheorien existierten überhaupt nicht, sondern würden nur so genannt, damit sie „mühelos als irrationale Verirrungen und Aberglauben" abgestempelt werden könnten.

1976 kam der Film *Der Mieter* von Roman Polanski in die Kinos. Er erzählt folgende Geschichte: Der Bankangestellte Trelkovsky zieht in eine neue Wohnung ein, deren Vormieterin sich umgebracht hat, sie hat sich aus dem Fenster gestürzt. Trotz der ungeklärten Ursachen für den Selbstmord der Vormieterin beschließt er, die Wohnung zu nehmen und wird schon sehr bald mit dem seltsamen Verhalten all seiner Nachbarn und mit Gerüchten konfrontiert – bis er schließlich wahnsinnig wird.

Im Fernsehen ist die amerikanische Serie *Gossip Girl* ein gutes Beispiel für das Phänomen der Gerüchte. Eine mysteriöse Bloggerin (Gossip Girl) erzählt ganz alltägliche Dinge, verbreitet aber auch Tratsch und Gerüchte über die wohlbetuchten Studenten zweier Privatschulen in Manhattan.

klick!

4

Ich traue meinen Augen nicht!

Sozialer Einfluss und Konformität

1951. Swarthmore College, Swarthmore (Pennsylvania).

Ich bin der Vorletzte, der diesen Klassenraum betritt, der augenblicklich für ein psychologisches Experiment genutzt wird. Es geht um einen Wahrnehmungstest, und wir sind sieben Versuchsteilnehmer. Unsere Aufgabe soll sehr einfach sein.

Herr Asch ist mein Psychologieprofessor. Mit gefällt sein leichter polnischer Akzent. In der letzten Vorlesung hat er uns für diesen Test angeworben. Er suchte Freiwillige für ein Experiment zur Wahrnehmung.

Jetzt sitzen wir also zu siebt um diesen Tisch herum, und Herr Asch zeigt uns Tafeln, auf denen auf der linken Seite eine „Standardlinie" und auf der rechten drei Linien unterschiedlicher Länge zu sehen sind. Sie sind mit A, B und C bezeichnet. In mehreren Durchgängen sollen wir ganz einfach die Länge der verschiedenen Linien schätzen. Wir sollen nacheinander laut sagen, welche der drei Linien auf der rechten Seite genauso lang ist wie die Standardlinie.

Das ist wirklich einfach. Und irgendwie auch lustig. Vorhin haben sich alle geirrt. Die Linie A war ganz eindeutig kürzer, aber alle meine Kollegen haben auf sie getippt. Und dabei war das so offensichtlich! Auch in diesem Fall ist es doch wieder kinderleicht. Ich könnte sofort antworten: C! Schade, dass Herr Asch nicht die Schnelligkeit misst, denn ich bin überzeugt, dass ich jedes Mal Erster wäre. All diese Durchgänge sind aber schon ein wenig nervig …und zudem muss ich auch noch immer warten, bis ich dran bin.

Los Stanley, mach schon, gib deine Antwort! Warum zögert der Kerl? – „B" – Wie? „B"? Komischer Typ … – „B", „B", „B", „B". – Verflixt noch mal, alle haben dieselbe Antwort gegeben. Ich traue meinen Augen nicht! Und einige haben sogar sehr überzeugt geantwortet. Vielleicht sitze ich irgendwie ungünstig? Vielleicht liegt es ja an der Perspektive? Ja, das muss es wohl sein … die anderen haben die Tafel genau vor sich. … Meine Antwort? Äh … „B"?

Solomon Asch wurde 1907 in Warschau geboren und emigrierte 1920 in die Vereinigten Staaten. In seinen ersten Arbeiten beschäftigte er sich mit der Frage, anhand welcher Eindrücke wir die Persönlichkeit anderer Menschen beurteilen. Er stellte fest, dass wir alle in der Lage sind, uns eine allgemeine Meinung über einen anderen zu bilden und dass wir dazu nur ganz wenige Informationen, nur einige Charakterzüge zu kennen brauchen.

Wenn man Ihnen sagte, Solomon Asch sei ein „intelligenter, fähiger, fleißiger, herzlicher, zielstrebiger, praktischer und vorsichtiger" Mensch gewesen, so haben sie mit Sicherheit die Vorstellung von einem Wissenschaftler vor Augen, der „Versuche durchführt, trotz mancher Rückschläge nicht aufgibt, und den der Wunsch antreibt, etwas Gutes zu schaffen". Ihr Eindruck wäre also eher positiv.

Sagte man Ihnen aber, Solomon Asch sein ein „intelligenter, fähiger, fleißiger, kühler, zielstrebiger, praktischer und vorsichtiger" Mann gewesen, welches Bild hätten Sie dann von ihm? Wahrscheinlich fiele Ihr Urteil negativer aus, und Sie sähen in Asch einen „arroganten Menschen, der meint, sich durch seinen Erfolg und seine Intelligenz vom Durchschnitt abzuheben". Und dabei unterscheiden sich die beiden Listen von Eigenschaften nur durch die Worte *herzlich* und *kühl*. In einer Reihe von Versuchen konnte Asch aufzeigen, dass Wörter nur im Kontext mit anderen Begriffen eine Bedeutung erhalten.

Anfang der 1950er Jahre interessierte sich Asch für die Versuche von Muzafer Sherif zur Normenbildung, allerdings störte ihn das verwendete Testmaterial. Denn beim autokinetischen Effekt ist es bekanntlich unmöglich, eine richtige Antwort zu geben. Es handelt sich dabei schließlich um eine optische Täuschung! Wie also konnte man sicher sein, dass sich eine Versuchsperson der Meinung der anderen Teilnehmer in der Gruppe anschloss, wenn es gar keine richtige Antwort gab? Doch bevor wir diese Frage beantworten, wollen wir uns auf eine kleine Zeitreise ans andere Ende der Welt begeben.

*

San ren cheng hu (chinesisches Sprichwort)

Wir befinden uns in Shanxi, einer Provinz im Nordosten Chinas im 5. Jahrhundert v. Chr. Es ist die Zeit der Streitenden Reiche, an deren Ende der Zusammenschluss der chinesischen Reiche und die Herrschaft der Qin-Dynastie im Jahr 221 v. Chr. stehen sollten.

Jin, einer der drei Staaten der Provinz Shanxi, war damals in drei Königreiche gespalten: die Reiche Wei, Han und Zhao. Sie bekämpften sich gegenseitig, bis die Königreiche Wei und Zhao übereinkamen, einen Bund zu schließen. Pang Gong erhielt vom König von Wei den Auftrag, ins Land der Zhao zu reisen. Vor seiner Abreise bat er noch um eine Audienz beim König.

„Majestät", sagte er, „wenn jemand zu Euch käme und behauptete, er habe einen Tiger ganz frei auf

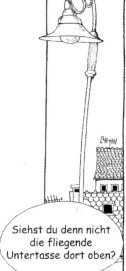

Hey, was steht ihr denn da so blöd um die Laterne rum?

Siehst du denn nicht die fliegende Untertasse dort oben?

Wie? Willst du dich etwa über uns lustig machen?

dem Marktplatz herumlaufen sehen, würdet Ihr ihm glauben?"
„Nein", antwortete der König. „Majestät", fragte Pang Gong erneut, „wenn nun ein zweiter Mann käme und bestätigte, er habe
den Tiger auf dem Markt gesehen, würdet Ihr es dann glauben?"
Wieder verneinte der König. „Majestät", insistierte Pang Gong,
„wenn aber ein Dritter bäte, zu Euch vorgelassen zu werden und
Euch sagte, er habe diesen Tiger gesehen, würdet Ihr ihm glauben?" Der König zögerte und räumte schließlich ein, dass er der
Geschichte nun Glauben schenken würde...

San ren cheng hu. Drei Mann machen einen Tiger.

*

Solomon Asch wollte also die Arbeiten von Sherif wieder aufnehmen, aber dieses Mal eindeutiges Versuchsmaterial verwenden.
Was würde geschehen, wenn die richtige Antwort auf der Hand
läge?

Passen sich die Menschen der Mehrheit an, selbst wenn sie
glauben, dass diese Mehrheit Unrecht hat, oder bewahren sie sich
ihre Autonomie, ihr freies Urteil? Um eine Antwort auf diese Frage zu finden, führte Asch eine Reihe von Experimenten durch,
für die er eine Versuchssituation wählte, in der das abzugebende
Urteil eindeutig und zweifelsfrei war. Würde sich die Versuchsperson in einer solchen Situation durch die eindeutig falsche
Meinung der Mehrheit beeinflussen lassen?

Angeblich war die zu bewältigende Aufgabe Teil einer Studie
über Wahrnehmung. Im Laufe dieser Untersuchung wurden
die Versuchsteilnehmer aufgefordert, eine Reihe von Linien mit
einer Standardlinie zu vergleichen und anzugeben, welche der Linien A, B oder C genau so lang war wie das Modell. Alle Teilnehmer mussten nacheinander laut sagen, welche Linie ihrer Ansicht
nach der Standardlinie entsprach. Die Antwort war also in allen
Fällen klar und eindeutig, und jeder konnte mit bloßem Auge
erkennen, wie die richtige Antwort lauten musste.

Bis auf das verwendete Material ähnelte die Versuchsanordnung bisher den Experimenten zur Normenbildung von Sherif. Asch interessierte sich aber vor allem dafür, welche Rolle die Mehrheit für den Einzelnen spielt und wie stark sie ihn beeinflusst. Eigentlich interessierte sich Asch nämlich nur für ein einziges Mitglied der Gruppe: für jenen Teilnehmer, der an vorletzter Position saß. Er war die so genannte „naive" Versuchsperson, deren Verhalten beobachtet werden sollte. Alle anderen Studenten waren in den Versuch eingeweiht. Sie bildeten die Mehrheit und ihre (falschen oder richtigen) Antworten waren vom Versuchsleiter zuvor festgelegt worden.

*

Hör nicht auf ihn, du siehst doch, dass er blufft ...

Auf jeden Fall rate ich dir, komm und hol dir ein paar von den kosmischen Strahlen!!!

hä?

Humba! kling

Humba

Tschk

Tschk

Das Besondere an den Experimenten der Sozialpsychologie ist, dass sie sich häufig der Lüge bedienen und eingeweihte Helfer einsetzen. Im vorliegenden Fall wird die Aufgabe als ein Wahrnehmungstest ausgegeben, und die (naive) Versuchsperson meint, die anderen Teilnehmer befänden sich in derselben Situation wie sie … In Wirklichkeit spielen diese aber alle eine Rolle und sind Helfer des Versuchsleiters. Sie gehören zum Experiment dazu, und alles ist im Voraus ganz genau festgelegt … mit Ausnahme der Reaktion des so genannten „naiven" Probanden natürlich, denn er ist der eigentliche Gegenstand der Untersuchung.

Die Sozialpsychologie, die sich *per definitionem* für soziale Interaktionen interessiert, ist manchmal gezwungen, auf die Lüge und auf Helfer zurückzugreifen. Stellen Sie sich doch bloß einmal vor, Sie würden gebeten, an einer Studie teilzunehmen, in der Ihr Konformismus und Ihre Neigung getestet werden sollen, sich in Ihrem Verhalten der Mehrheit anzupassen. Würden Sie sich in einem solchen Fall ganz *normal* verhalten? Wahrscheinlich nicht. Erst die Lüge erlaubt eine Beobachtung unter Bedin-

gungen, die den natürlichen möglichst nahe kommen. Nach Abschluss der Versuche werden die Teilnehmer selbstverständlich über die Wahrheit aufgeklärt.

*

Den Teilnehmern an Solomon Aschs Experiment wurden 18 Tafeln gezeigt. Sie sollten also 18 Schätzungen abgeben. Um ganz sicher zu gehen, dass die Antworten gar keinen Zweifel zuließen, führte Asch eine erste Versuchsreihe durch, in der jeder seine Antwort individuell und schriftlich, also vollkommen anonym, abgeben musste. 37 Versuchspersonen antworteten also jeweils 18-mal, und nur drei dieser Antworten waren falsch. Das bestätigte Asch in der Wahl seines Versuchsmaterials, denn es war offensichtlich eindeutig.

In den 18 Versuchsdurchgängen sollten die eingeweihten Helfer sechsmal richtig antworten (so genannte neutrale Durchgänge) und zwölfmal eine falsche Schätzung abgeben (so genannte

kritische Durchgänge). Dabei registrierte der Versuchsleiter, wie häufig der naive Proband ebenfalls fehlerhaft antwortete. Je höher die Fehlerquote, umso stärker war seine Anpassung an die Mehrheit.

Wurde die Antwort in Gegenwart der anderen laut abgegeben, stellte Asch eine Fehlerquote von 32 Prozent fest, d.h., in ungefähr vier von zwölf Durchgängen passte sich die Versuchsperson der falschen Meinung der Mehrheit an. Außerdem richteten sich 37 von 50 naiven Probanden, also fast drei Viertel, mindestens einmal nach der Mehrheit.

Diese Ergebnisse waren überraschend. Obwohl die Antwort eindeutig falsch war, schlossen sich drei Viertel der Personen mindestens einmal der Meinung der Mehrheit an!

Wie sah es aber aus, wenn die eingeweihten Helfer nicht alle dieselbe Antwort gaben? Denn in den ersten von Asch durchgeführten Versuchen gab es nicht nur eine Mehrheit, sondern diese Mehrheit war sich auch noch einig. Unter diesen Umständen war der

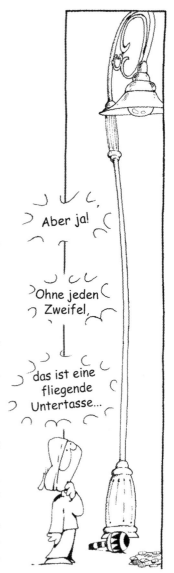

Druck offensichtlich besonders hoch.

Deshalb bat Asch den Helfer, der als Vierter seine Schätzung abgeben sollte, korrekt zu antworten. Der naive Proband befand sich nun nicht mehr allein gegenüber einer übereinstimmenden Mehrheit. Unter dieser Bedingung sank die Konformitätsrate von 32 Prozent auf 5,5 Prozent.

Das Gefühl, mit seiner Meinung allein gegen eine Mehrheit zu stehen, ist ein ganz wesentlicher und entscheidender Faktor für die Anpassung. Das bestätigte sich übrigens in einem anderen Versuch, in dem einer der Helfer in der ersten Hälfte der Durchgänge eine korrekte Antwort gab, in der zweiten dagegen eine falsche. In dieser zweiten Hälfte der Versuchsdurchgänge stieg die Konformitätsrate erneut auf 28 Prozent an. Solange die Einzelnen eine soziale Unterstützung spürten, passten sie sich nur in geringem Maß an, fehlte diese Unterstützung jedoch,

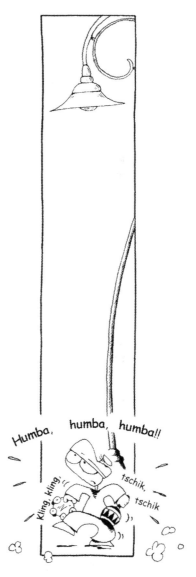

stieg die Konformitätsbereitschaft sofort wieder an. Es sei noch darauf hingewiesen, dass die Helfer in diesem Experiment keine Reaktion zeigten, wenn der naive Proband sich dafür entschied, sich der Gruppe nicht anzupassen. In einer echten Situation ist es aber durchaus wahrscheinlich, dass die Angehörigen einer Mehrheit auf jemanden reagieren, der anderer Meinung ist.

Es gibt noch andere Faktoren, die die Anpassungsbereitschaft beeinflussen. Dabei handelt es sich in erster Linie um die persönlichen Eigenschaften eines Menschen (Persönlichkeits-Traits). Denn der eine ist rascher zur Anpassung bereit als der andere, und wieder andere verweigern jeden Konformismus.

*

Nach Beendigung des Experiments befragte Asch die naiven Probanden nach den Gründen für ihr Antwortverhalten. Warum hatten sie sich angepasst und waren der Mehrheit gefolgt? Aus ihren Antworten ging hervor, dass es zwei Arten der Beeinflussung gab: die informationelle und die normative.

Bei der informationellen Beeinflussung wird die Meinung der anderen berücksichtigt, um mehr über die Realität zu erfahren. Die von der Mehrheit erhaltene Information gilt als ein Beweis für die Wahrheit. Die Anpassungsbereitschaft hängt also davon ab, wie kompetent oder glaubwürdig die Informationsquelle erscheint. Die Menschen versuchen, Zweifel an der Richtigkeit ihres eigenen Urteils auszuräumen, und zu diesem Zweck suchen sie nach Informationen bei anderen. Der informationelle Einfluss stellt einen Druck zur Konformität dar, der aus der Annahme resultiert, dass die anderen über Kenntnisse verfügen, die uns fehlen.

Die normative Beeinflussung dagegen beruht auf dem Bedürfnis nach gesellschaftlicher Akzeptanz. Sie kommt immer dann zum Tragen, wenn Personen sich anpassen und der Meinung der

Mehrheit anschließen, weil sie sich nicht vor den anderen lächerlich machen oder weil sie von den anderen Gruppenmitgliedern akzeptiert werden wollen. Ein Grund für das konforme Verhalten der Versuchspersonen liegt darin, dass sie aus dem Experiment gelernt haben: Die Überschreitung der Gruppennormen durch andere Gruppenmitgliedern wird auf die eine oder andere Weise bestraft.

*

Diese beiden Arten der Beeinflussung wirken sich offenbar unterschiedlich stark aus. Die Sozialpsychologen Deutsch und Gerard wiederholten den Versuch von Asch und führten neue Faktoren ein. Sie konnten auf diese Weise zeigen, dass die Konformitätsrate rasch sank, wenn der naive Proband seine Antworten ganz privat und schriftlich abgab (normativer Einfluss). Jemand, der sich hauptsächlich deshalb konform verhält, weil er von der Gruppe akzeptiert werden möchte (normativer Einfluss), muss nach Ansicht von Deutsch und Gerard sein nach außen sichtbares Verhalten ändern, bleibt aber im Innern seiner ursprünglichen Überzeugung treu. Wenn die Standardlinie sichtbar blieb, während der Proband seine Antwort gab, lag die Zahl der korrekten Antworten höher als wenn sie zum Zeitpunkt der Antwort nicht mehr zu sehen war. Mit anderen Worten, in einer uneindeutigen Situation, in der die Antwort weniger gewiss war, brauchte die Versuchsperson mehr Informationen und schloss sich deshalb den Antworten der anderen an (informationeller Einfluss). In diesem Fall änderte die Person auch ihre ganz persönliche Meinung. Auf diese Weise war es möglich, zwischen der nur äußerlichen und der inneren Anpassung zu unterscheiden.

*

Letztendlich könnte die Anpassung auf drei verschiedene Faktoren zurückzuführen sein:

* Der Wunsch nach Akzeptanz: Von der Informationsquelle geht ein Druck aus, und der Einzelne möchte von ihr anerkannt werden oder Repressalien vermeiden. Deshalb ist er bereit, sich äußerlich zwar anzupassen, innerlich jedoch nicht. Diese Art der Beeinflussung ist nicht von Dauer. Sie wirkt nur, solange der soziale Druck mit Sanktionen einhergeht oder der Betreffende die Sanktionen vonseiten anderer als schwerwiegend empfindet.

* Die Identifikation: Der Einzelne möchte der Informationsquelle gleichen, weil sie ihm attraktiv erscheint. Die Auswirkungen der Identifikation sind dauerhafter als die des Wunsches nach Akzeptanz, und sie zeigen sich sowohl nach außen als auch nach innen. Diese Art der Anpassung bleibt solange bestehen, wie der Betreffende den Wunsch verspürt, sich mit der Gruppe oder einigen ihrer Mitglieder zu identifizieren. Allerdings kann diese Art der Konformität enden, sobald die Gruppenmitglieder oder die Gruppe an sich für die betreffende Person an Bedeutung verlieren.

* Die Internalisierung oder Verinnerlichung: Die Person passt sich nicht deshalb an, weil sie sich mit der Gruppe identifizieren möchte oder befürchtet, von ihr abgelehnt zu werden, sondern weil sie zutiefst davon überzeugt ist, dass deren Ansichten richtig sind. Diese Art des Einflusses ist sowohl für die äußere als auch die innere Anpassung am stärksten und dauerhaftesten.

Wir sprechen also von Konformismus oder Anpassung, wenn innerhalb einer Gruppe ein Einzelner dem (realen oder angenommenen) sozialen Druck nachgibt und die Verhaltensweisen oder Einstellungen der meisten Gruppenmitglieder übernimmt. Dieser Einfluss der Mehrheit wird in unserer Gesellschaft häufig negativ bewertet: Ein Mensch, der sich konform verhält, gilt als beeinflussbar und unfähig, seine eigene Meinung zu vertreten. Eine Gesellschaft, eine Organisation oder ein Verein können jedoch nur existieren und funktionieren, wenn sich die Mehrheit ihrer Glieder an gemeinsame Regeln hält und sich diesen Regeln anpasst. Konformität ist also für die Existenz und den Zusammenhalt einer Gruppe wesentlich.

Die amerikanische Fernsehserie *Weeds* erzählt die Geschichte einer Hausfrau und Mutter, die nach dem plötzlichen Tod ihres Mannes beschließt, an ihre Nachbarn Haschisch zu verkaufen, um so ihren Lebensstandard halten zu können. Im Vorspann zu jeder Folge sieht man die fiktive Vorstadtsiedlung Agrestic in Kalifornien, wo die Geschichte spielt: Überall die gleichen Häuser, die Bewohner gehen den gleichen Beschäftigungen nach, sie fahren die gleichen Autos, verlassen morgens zur selben Zeit das Haus, kommen mit den gleichen Einkaufstüten heim … und all diese Bilder des amerikanischen Konformismus werden noch verstärkt durch den Titelsong *Little Boxes* (Kleine Schachteln) von Malvina Reynolds, in dem die Entwicklung dieser amerikanischen Vorstädte und der kleinbürgerliche Gleichklang wunderbar kritisiert werden.

klick!

5
Du bist doch eine totale Niete!

Auswirkungen sozialer Kategorisierungen

1954. Robbers Cave State Park, Oklahoma (USA).

Jetzt sind wir alle zusammen in der Räuberhöhle. Der Leiter des Ferienlagers hat uns eine halbe Stunde gegeben, dann müssen wir eine Entscheidung getroffen haben.

Vor vier Tagen bin ich im Lager angekommen. Ich kannte niemanden. Es war eine Idee meiner Eltern, mich hierher zu schicken. Man hat mich der Gruppe der „Adler" zugeteilt. Das finde ich gut, denn wir sind die Stärksten. Die von den „Klapperschlangen" sind jedenfalls alle totale Nieten! „Klapperschlangen", das ist der bescheuerte Name der anderen Gruppe. In der Gruppe sind sie alle gleich. Keiner besser als der andere.

Gestern haben wir gegeneinander Fußball gespielt und sie fertiggemacht. Hi, hi, abends haben sie versucht sich zu rächen – aber doch nicht mit uns! Nee, wir sind ja schließlich die „Adler"! Dafür haben wir ihren Schlafsaal ein wenig aufgemischt. Und dabei haben wir ihnen auch gleich noch ihre Fahne geklaut und sie auf dem Klohäuschen gehisst. Also gut, jetzt sitzen wir hier in der Höhle fest und müssen uns irgendwie zusammenraufen. Seit heute morgen gibt es nämlich kein Wasser mehr im Lager. Muzafer – so heißt unser Campleiter mit Vornamen – hat uns gesagt, heute Morgen sei eine Leitung geplatzt und im ganzen Camp hätten wir kein Wasser mehr. Die einzige Möglichkeit wäre, den zentralen Wassertank zu füllen, aber dafür müssten wir eine Eimerkette bilden – und zwar gemeinsam mit den „Klapperschlangen"!

Anfang der 1950er Jahre, noch zu Zeiten des Kalten Krieges, interessierte sich ein amerikanisches Forscherteam für die Konflikte zwischen Gruppen und dafür, wie sie sich beilegen ließen. Ihre Hypothese lautete, dass es durch Zusammenarbeit möglich wäre, bestehende Vorurteile bei den Mitgliedern zweier Gruppen auszuräumen und die dadurch entstandenen Konflikte zu beenden.

Muzafer Sherif war bekanntlich ein amerikanischer Sozialpsychologe türkischer Herkunft, der in den 1930er Jahren unter Laborbedingungen eine Reihe von Versuchen zur Normenbildung innerhalb einer Gruppe durchgeführt hatte.

Ausgangspunkt für seine Arbeit zwanzig Jahre später war in gewisser Weise die Doktorarbeit, die O.J. Harvey unter seiner

Ägide angefertigt hatte. Der Titel dieser Dissertation lautete:
„Experimentelle Untersuchung der negativen und positiven Be-
ziehungen zwischen informellen Gruppen anhand von Beurtei-
lungskriterien".

Im Rahmen des Forschungsprojekts der Universität Oklahoma
über „Intergroup Relations", das unter der Schirmherrschaft der
Yale-Universität und des American Jewish Committee stand und
aus Mitteln der Rockefeller Stiftung finanziert wurde, fanden in
der Zeit von 1949 bis 1954 mehrere Feldversuche statt.

An dieser Arbeit waren außer O.J. Harvey auch noch Jack
White, William R. Hood und Carolyn Sherif beteiligt, die Ehefrau von Muzafer Sherif. Die Studie, in der wissenschaftlichen
Literatur bekannt als das Robbers Cave-Experiment, fand in
einem Ferienlager für Jugendliche im Robbers Cave State Park
statt. Dort sollten zwei Gruppen von Jugendlichen abgeschnitten
von der Außenwelt gemeinsam drei Wochen zubringen, ohne zu
wissen, dass sie Gegenstand einer psychologischen Studie waren.
Das Experiment verlief in drei Etappen.

Bei ihrer Ankunft im Ferienlager wurden die Jugendlichen sofort nach dem Zufallsprinzip in zwei Mannschaften oder Gruppen eingeteilt. Sherif und sein Team achteten lediglich darauf, dass sich die Jugendlichen untereinander nicht kannten und folglich keine vorgefasste Meinung übereinander hatten. Die beiden Gruppen erhielten Namen. Es gab die „Adler" und die „Klapperschlangen". In den ersten Tagen bekam jede Gruppe getrennt für sich angenehme Aufgaben übertragen, bei denen jedes Mitglied der Gruppe mithelfen musste (Zeltaufbau, Spiele, Transport der Kanus usw.).

Die zweite Stufe bestand nun darin, zwischen den beiden Mannschaften einen Konflikt zu schüren. Um untersuchen zu können, wie sich Konflikte und Feindseligkeit zwischen den Gruppen beilegen lassen, musste man sie zunächst einmal hervorrufen. Die *künstliche* Schaffung von Konflikten gewährleistete den Forschern eine bessere Kontrolle der Situation.

Unter ethischen Gesichtspunkten ist dieses Vorgehen ganz eindeutig fragwürdig, und höchstwahrscheinlich dürfte dieses

Meine Brüder von den „Adlern", ihr alle seid meine Familie, ... und ich liebe euch!!

Das ist wunderschön, was du da sagst!

Wow, danke!

Experiment heutzutage in den Vereinigten Staaten nicht mehr durchgeführt werden. Damals jedoch waren Sherif und seine Mitarbeiter (die wie viele Human- und Sozialwissenschaftler vor oder während des Zweiten Weltkriegs aus Europa in die USA emigriert waren) von einem starken Optimismus beseelt und glaubten, die Ergebnisse ihrer Experimente könnten dazu beitragen, Kriege und Konflikte in der Welt zu beenden.

Die Jugendlichen wurden aufgefordert, gegeneinander Baseball oder Fußball zu spielen, und damit gerieten die Gruppen in eine Konkurrenzsituation. Jedes Mal konnte nur eine der beiden Mannschaften den ausgesetzten Preis erringen. Ziel war es, auf diese Weise den Wettbewerb und die daraus resultierenden Spannungen anzuheizen. Während dieser Phase, die sich über einige Tage hinzog, erreichte die Feindseligkeit zwischen den Gruppen ihren Höhepunkt, es wurden viele negative Stereotype in Umlauf gesetzt, und es kam auch zu aggressiven Verhaltensweisen. Jede Gruppe hatte sich Schimpfnamen für die anderen ausgedacht, und es dauerte nicht lange, bis nur noch Beleidigungen ausgetauscht wurden. Eines Abends wurden die Betreuer sogar Zeugen einer Strafexpedition, bei der der Schlafsaal der gegnerischen Mannschaft auf den Kopf gestellt wurde! Sherif und seine Mitarbeiter beobachteten, dass sich der beginnende Konflikt zwischen den Gruppen in zweifacher Hinsicht auswirkte.

Zum einen erzeugte er einen stärkeren Zusammenhalt innerhalb jeder Mannschaft, innerhalb jeder Gruppe: „Gegen den Gegner müssen wir zusammenhalten! Gemeinsam sind wir stärker!" usw. Zum anderen führte dieser Konflikt auch zu einer stärkeren Differenzierung zwischen den Gruppen, d.h., die Mannschaften

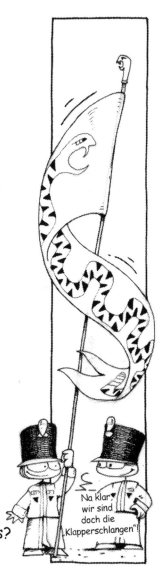

Wir sind schön!
Wir sind groß!
Wir sind stark! Stimmt's?

Na klar, wir sind doch die „Klapperschlangen"!

bzw. Gruppen setzten sich voneinander ab: „Wir sind doch ganz anders als die", … soll heißen, „wir sind besser als sie". Darüber hinaus wurden auch Motivation und Eigenschaften von Mitgliedern der anderen Gruppe falsch wahrgenommen.

Die dritte Etappe des Experiments war für Sherif und sein Team die entscheidende. Es galt zu versuchen, den Konflikt, den sie geschaffen hatten, wieder abzuschwächen und beizulegen. Wie sollte man es jetzt, da die Jugendlichen sich gegenseitig verabscheuten, anstellen, damit wieder Frieden zwischen ihnen herrschte, und vor allem, wie war es möglich, die Gruppen von ihren jeweiligen Vorurteilen wieder abzubringen?

Sherif glaubte, die Vorurteile ließen sich nur abschwächen und die Konflikte unter den beiden Gruppen nur aufheben, wenn diese gezwungen wären, zusammenzuarbeiten. Man brauchte also lediglich einen Weg zu finden, um die beiden Gruppen zur Kooperation zu bewegen. Das war natürlich leichter gesagt als getan. Aber Sherifs Team verfiel auf eine List. Sie unterbrachen die Wasserversorgung des Lagers und behaupteten, es han-

Aber warum denn so viel Hass?

dele sich um ein technisches Problem. Die einzige Möglichkeit, wieder Wasser zur Verfügung zu bekommen (zum Waschen, Trinken und zum Spaß) bestehe darin, den großen Wassertank im Lager zu füllen. Eine Rohrleitung gab es allerdings nicht ... und deshalb müssten die Jugendlichen zusammenarbeiten und es irgendwie fertigbringen, den Tank zu füllen, am besten mit einer Eimerkette.

Sherif ging es darum, ein, wie er es nannte, übergeordnetes Ziel zu setzen (d.h. ein Ziel von höherem Interesse), dessen Erreichung die Beteiligung aller erforderte, ungeachtet ihrer Gruppenzugehörigkeit.

Erst nach einer ganzen Reihe von gemeinsamen Tätigkeiten zur Erreichung übergeordneter (kooperativer) Ziele gingen die Feindseligkeiten sowie die negativen Stereotypisierungen und Vorurteile zurück. Sherif war es gelungen, seine Anfangshypothese zu bestätigen! Verschiedene weitere Labor- und Feldversuche führten zu den gleichen Ergebnissen. Nach der Theorie der realen Konflikte, die Sherif in den 1960er Jahre entwickelte, sind Individuen und Gruppen rationale Akteure, deren Handlungen darauf abzie-

len, die eigenen Interessen zu maximieren. Der Konflikt zwischen Gruppen hängt von der objektiven Struktur ihrer Beziehung zueinander ab. Handelt es sich um eine Wettbewerbssituation, ist der Konflikt unvermeidbar. Nur durch eine kooperative Beziehungsstruktur lässt sich der Konflikt vermeiden oder beilegen. Da Staaten miteinander konkurrieren, kommt es zu Konflikten.

*

Die Erkenntnis, dass sich übergeordnete Ziele und damit Kooperation positiv auf die Abschwächung von Vorurteilen und Feindseligkeiten zwischen Gruppen auswirken, war aber nicht das einzige Ergebnis dieser Versuche. Sherif und seine Mitarbeiter konnten außerdem aufzeigen, welchen Einfluss die Kategorisierung hat: Die Jugendlichen kannten sich zuvor nicht, und nur aufgrund ihrer Zuordnung zu zwei unterschiedlichen Gruppen, die als „Adler" oder „Klapperschlangen" kategorisiert wurden, begannen sie, die jeweils andere Gruppe unterschiedlich wahrzunehmen.

Wir alle neigen sozusagen von Natur aus dazu, die Dinge nach ihren Eigenschaften zu ordnen, sie zusammenzufassen. Die Musiktitel auf Ihrem MP3-Player ordnen Sie sicherlich nach Interpreten oder Genre, Ihre Fotos nach Jahren oder Ereignissen,

die T-Shirts legen Sie in das eine, die Hosen in das andere Fach Ihres Schranks, Obst bewahren Sie getrennt von Gemüse auf usw. Diese natürliche Tendenz zeigt sich auch in verschiedenen Wissenschaftsbereichen (in Medizin, Geographie, Geschichte, Psychopathologie usw.). Das Gleiche gilt auch für Menschen: Wir klassifizieren sie anhand verschiedener Eigenschaften. Dabei kann es sich um beobachtbare, unveränderliche Charakteristika handeln (Geschlecht, Hautfarbe, Alter), um veränderliche Eigenschaften (die Art sich zu kleiden, der Beruf) oder aber um Kriterien, die sich nicht mit bloßem Auge erkennen lassen (etwa die Religionszugehörigkeit oder die Mitgliedschaft in einer politischen Partei). Diese Einordnung von Menschen aufgrund ihrer charakteristischen Merkmale nennt man soziale Kategorisierung.

Die Einordnung oder Kategorisierung der uns zufließenden Informationen ist ein grundlegender Mechanismus in der Informationsverarbeitung. Unsere Fähigkeiten, Informationen zu verarbeiten, sind außerordentlich begrenzt, und das gilt in besonderem Maß für unser Arbeitsgedächtnis (es dient uns dazu, mit Begriffen umzugehen, nachzudenken, Probleme zu lösen; im Gegensatz dazu steht das Langzeitgedächtnis, in dem wir Informationen und Erinnerungen speichern). Diese beschränkte Fähigkeit zur Informationsverarbeitung hat ganz unterschiedliche Folgen und wirkt sich auf viele unserer Tätigkeiten aus.

*

Die wichtigste Folge für uns in diesem Zusammenhang ist die Tatsache, dass wir nicht in der Lage sind, alle Informationen über eine Person zu verarbeiten. Um mit der Informationsflut fertigzuwerden, hat sich unser kognitives System (das uns die Informationsverarbeitung ermöglicht) angepasst und arbeitet nach dem Prinzip der kognitiven Einsparung. Mit anderen Worten, wir verfügen über Vorgehensweisen und Strategien, die es uns irgendwie ermöglichen, unsere beschränkten Fähigkeiten zu kompensieren.

Die soziale Kategorisierung bringt gewisse Vorteile mit sich, sie erleichtert die Informationsverarbeitung: Es ist nicht mehr notwendig, alle Einzelheiten in Bezug auf eine Person zu erfassen. Es reicht, wenn wir bestimmen, welcher Kategorie der Betreffende angehört und wir uns auf die mit dieser Kategorie assoziierten Informationen stützen. Wenn ich nämlich weiß, dass der andere ein „Adler" ist, dann reicht mir diese Information, um zu wissen, wie ich handeln, mich verhalten und was ich denken soll (als „Adler" so wie er, als „Klapperschlange" entsprechend anders). Die soziale Kategorisierung ermöglicht uns außerdem, unsere Umwelt zu verstehen und sie vorhersehbar zu machen. Die Zuordnung von Personen zu einer sozialen Kategorie erlaubt uns vor allem, rasch einen Eindruck von ihnen zu gewinnen, Schlussfolgerungen über nicht direkt beobachtbare Aspekte anzustellen, das Verhalten des Betreffenden zu antizipieren oder unser eigenes Verhalten an früheren Begegnungen mit Angehörigen dieser Kategorie auszurichten.

*

Der Prozess der sozialen Kategorisierung ist also in gewisser Hinsicht außerordentlich anpassungsfähig, denn er erlaubt uns, anhand sehr weniger Informationen (nur einiger charakteristischer Merkmale) und mit äußerst geringem kognitiven Aufwand das

Verhalten eines anderen vorherzusagen, ihm weitere Charakteristika zuzuschreiben (etwa Persönlichkeits-Traits), ihn zu beurteilen oder unser eigenes Verhalten auf ihn einzustellen. Kurz, durch die soziale Kategorisierung sparen wir Zeit, Mühe und Energie, indem wir anhand der Gruppenzugehörigkeit urteilen und unterschiedliche Schlussfolgerungen über die Betreffenden ziehen. Diese soziale Kategorisierung besitzt zwar gewiss ihre Vorteile, birgt aber auch Gefahren. Vor allem geht die Kategorisierung mit zwei Phänomenen einher, die unsere Wahrnehmung von Unterschieden verzerren und Fehleinschätzungen zur Folge haben.

*

Der Vorgang der (sozialen oder sonstigen) Kategorisierung ist nämlich mit zwei Arten von verzerrter Wahrnehmung verbunden.

Ich sage euch, in Wahrheit haben wir einen gemeinsamen Feind ...

Zum einen spricht man von einem Kontrasteffekt, womit die Überschätzung der Unterschiede zwischen den Elementen zweier Gruppen gemeint ist (es besteht der Eindruck, zwei Elemente seien unterschiedlich und dies umso mehr, wenn sie zwei verschiedenen Kategorien angehören). Die zweite Art von Wahrnehmungsverzerrung ist der so genannte Assimilierungseffekt oder die Überschätzung der Ähnlichkeit zwischen den Elementen einer Gruppe (gehören zwei Elemente derselben Kategorie an, haben wir den Eindruck, dass sie einander ähnlicher sind als zwei Elemente aus zwei unterschiedlichen Gruppen, was natürlich auch für Personen gilt). Diese Neigung, die Welt in den Kategorien „wir" und „die anderen" zu sehen, verzerrt nicht nur unsere Wahrnehmung der anderen Gruppe, sondern auch die unserer eigenen. Deshalb empfinden wir die Mitglieder unserer eigenen Gruppe in übersteigertem Maß als unterschiedlich, denn wir haben das Bedürfnis, uns als einzigartig, von den übrigen Mitgliedern der Gruppe abgehoben zu fühlen; dieses Phänomen bezeichnet man als Differenzierung. Die Mitglieder der anderen Gruppe hingegen (der wir nicht angehören) scheinen sich in unseren Augen übertrieben stark zu gleichen.

Wir meinen, dass sich die Mitglieder unserer eigenen Gruppe (der so genannten Ingroup) stärker voneinander abheben als die Angehörigen der anderen Gruppe (der Outgroup). Eine Kategorie wird also von denen, die ihr angehören, als differenzierter empfunden als von Außenstehenden. Das ließe sich ganz banal auf folgende Formel bringen: „Wir sind unterschiedlich, die anderen sind alle gleich."

Folglich sind wir, die Leser dieses Buches, jeder für sich etwas Besonderes, aber die anderen, die es nicht lesen, gleichen sich alle! Die Tatsache, dass wir die Outgroup als homogen empfinden, beruht selbstverständlich auch darauf, dass sich die Mitglieder unserer eigenen Gruppe untereinander kennen und dass wir mit ihnen häufiger Kontakt pflegen und interagieren als mit denen der anderen Gruppen. So fällt es uns leicht, die unterschiedlichen Eigenschaften unserer Familienangehörigen, der Menschen in unserer nächsten Umgebung und eventuell auch unserer Kollegen wahrzunehmen. Die Menschen dagegen, mit denen wir nur wenig zu tun haben oder denen wir nur selten oder nie begegnen, erwecken in uns den Anschein, einander relativ ähnlich zu sein.

*

Der Frage, welche Bedingungen notwendig und hinreichend sind, damit diese Wahrnehmungsverzerrung deutlich wird, ist der britische Sozialpsychologe Henri Tajfel nachgegangen. In einem Experiment konnte er beweisen, dass eine ganz einfache willkürliche Kategorisierung ohne objektive Grundlage und ohne dass eine besondere Beziehung zwischen den Personen oder Einzelgruppen besteht, ausreicht, um ein diskriminierendes Verhalten auszulösen.

In der Versuchssituation sollten alle sozialen, historischen oder wirtschaftlichen Faktoren ausgeschlossen sein, die normalerweise als Begründung für die Diskriminierung zwischen Gruppen angesehen werden. Die Versuchspersonen waren Mittelstufenschüler einer Schule, die sich untereinander gut kannten. Der Versuch begann mit einem Test zur visuellen Wahrnehmung, wobei sie eine Anzahl von Punkten auf Tafeln schätzen sollten. Den Kindern wurde gesagt, je nach ihrem Abschneiden bei diesem Test würden sie in zwei Gruppen eingeteilt: in eine Gruppe, die „zu hoch geschätzt" hatte, und eine andere, die „zu niedrig geschätzt" hatte. In Wirklichkeit erfolgte diese Zuordnung nach dem Zufallsprinzip. Jedem Einzelnen wurde ganz individuell mitgeteilt, welcher Gruppe er zugeteilt worden war, doch keiner erfuhr, welcher Gruppe die anderen Mitschüler angehörten.

Der zweite Teil des Experiments bestand in einem Test, bei dem es um Entscheidungsfindung ging. Die Schüler sollten bestimmte Geldbeträge zwischen zwei ihrer Kameraden aus dem Experiment aufteilen. Wer genau diese Personen waren, war den Versuchspersonen, ebenso wie andere Faktoren, nicht bekannt. Die Versuchspersonen wussten nur, dass eine der beiden Personen der eigenen Gruppe, die andere Person dagegen der fremden Gruppe angehörte. Zusätzlich wurde ausgeschlossen, dass die Versuchspersonen sich selbst das Geld zuweisen oder anderweitig an das Geld gelangen konnten. Es wurde festgestellt, dass die Versuchspersonen Mitglieder der eigenen Gruppe favorisieren und dass sie nicht motiviert waren, die Beträge aus Fairness gleich aufzuteilen.

Tajfel gelang es aufzuzeigen, dass die bloße Kategorisierung („wir" und „sie") eine hinreichende Minimalbedingung ist, um diskriminierendes Verhalten und die Bevorzugung der Ingroup auszulösen. In sehr vielen Studien, die in verschiedenen Ländern mit Kindern und Erwachsenen, Männern und Frauen durchgeführt wurden, haben sich seine Ergebnisse immer wieder bestätigt. Die einfache Zuordnung von Personen zu unterschiedlichen Kategorien reicht aus, um verzerrte Urteile und diskriminierendes Verhalten zu bewirken.

Nach der Ermordung von Martin Luther King im Jahr 1968 wollte Jane Elliott, eine Grundschullehrerin in einer Kleinstadt in Iowa (Vereinigte Staaten), ihren Schülern klar machen, was Diskriminierung ist. Sie hielt aber keine normale Unterrichtsstunde zu diesem Thema ab, sondern entschied sich stattdessen dafür, ihnen mithilfe eines kleinen Rollenspiels eine spürbare Lektion zu erteilen. Dazu teilte sie die Schüler je nach deren Augenfarbe in Gruppen ein und bevorzugte zunächst jene mit blauen Augen, weil Blauäugige angeblich intelligenter seien. Schüler mit braunen Augen standen auf einer weit niedrigeren Stufe. Schon sehr bald begannen die blauäugigen Kinder, ihre Mitschüler mit braunen Augen zu stigmatisieren und zu schikanieren, und deren Selbstvertrauen sank rapide. In einer zweiten Phase des Experiments teilte Jane Elliott ihren Schülern dann aber mit, sie habe sich geirrt, und es verhalte sich genau anders herum: Braune Augen seien besser als blaue. Daraufhin vertauschten sich die Rollen. Auf diese Weise hatten die Kinder Gelegenheit, anhand eines absolut willkürlichen Merkmals am eigenen Leib zu erfahren, was es heißt, diskriminiert zu werden. Das Experiment war gefilmt worden und sorgte für einen Skandal.

klick!

6

Das ist das Ende der Welt!

Überzeugungen und kognitive Dissonanz

1954. Salt Lake City (Utah).

Marian Keech hat es uns doch bestätigt. Am 21. Dezember ist es soweit. Der große Bruder des Planeten Clarion wird uns holen kommen. Die Welt wird in einer Flut versinken, und wir werden gerettet werden. Seit mehreren Tagen versuchen wir nun schon mit mehr oder weniger Erfolg, der Welt die Augen zu öffnen. Gestern habe ich den ganzen Tag am Telefon verbracht. Den einen oder anderen habe ich wohl überzeugt, und ich hoffe, dass er sich uns anschließt – bevor es zu spät ist.

Marian sagt, sie werden noch vor Mitternacht mit uns Kontakt aufnehmen. Den letzten Anweisungen zufolge sollen wir alle metallischen Gegenstände, die wir bei uns tragen, ablegen. Nur noch wenige Stunden.

Mitternacht. Warum passiert nichts? Wo bleibt die fliegende Untertasse? Marian? Marian? Was geschieht? Nein, wartet mal – schaut doch – auf dieser Uhr ist es erst 23 Uhr 55. Es bleiben noch fünf Minuten. Nur Ruhe, meine Freunde, wir werden gerettet werden!

Noch so eine fiktive Geschichte, die sich die Sozialpsychologen ausgedacht haben? Ganz und gar nicht, das ist die reine Wirklichkeit. Allerdings waren Sozialpsychologen bei diesen Ereignissen dabei und haben den Weltuntergang miterlebt.

*

In gewisser Weise begann alles Anfang der 1930er Jahre in Indien. Am 15. Januar 1934 forderte in der Provinz Bihar ein Erdbeben von der Stärke 8,1 über zehntausend Opfer. In der unmittelbaren Folgezeit kam eine Reihe von Gerüchten auf, wonach ein noch heftigerer, mörderischer Erdstoß zu erwarten sei. Es geschah zwar nichts, doch die Gerüchte kursierten weiter.

Damals machte sich ein amerikanisches Forscherteam daran, die Gründe für die Verbreitung solcher Gerüchte zu untersuchen. Die Studie wurde aus Forschungsmitteln der Rockefeller Stiftung finanziert und gehörte zu einer umfassenderen Untersuchung über Kommunikation und die Rolle der Massenmedien.

Das Ganze war eine Fortsetzung der Arbeiten, die wir bereits in Kapitel 2 angesprochen haben.

Geleitet wurde das Wissenschaftlerteam von einem gewissen Leon Festinger. Die damals neue Hypothese der Forscher lautete wie folgt: Der Mensch strebt immer nach einem Zustand, den er als „kognitives Gleichgewicht" empfindet … mit anderen Worten, sein Denken und sein Handeln sollten stets kohärent sein. Wird dieses Gleichgewicht gestört, gerät der Betreffende in einen Spannungszustand. Dies kann beispielsweise zu widersprüchlichen Gedanken führen oder dazu, dass sein Denken nicht mehr mit seinem Handeln übereinstimmt, d.h., er tut möglicherweise etwas, was nicht seinen Überzeugungen entspricht. Dieser Spannungszustand ist unangenehm, und deshalb versucht der Betreffende alles, um einen Gleichgewichtszustand und ein kohärentes Weltbild wiederzufinden.

Nach dem Erdbeben waren die Bewohner der Provinz Bihar völlig von der Welt abgeschnitten. Da sie aber Informationen über ihre Lage und mögliche neue Erdstöße haben wollten, fingen sie an, sich ihre Informationen selbst zu schaffen – und zwar über die Verbreitung von Gerüchten –, nur um das Gefühl zu haben, ihre Situation und ihre Umwelt zu beherrschen.

Nebenbei gesagt, kamen diese Gerüchte nicht rein zufällig zustande. Sie folgten sehr wohl einer eigenen Logik (siehe Kapitel 12) und dienten einem ganz bestimmten Zweck: Sie sollten die Bevölkerung der Provinz Bihar beruhigen und sie, angesichts der Ungewissheit ihrer Lage und der Zukunft zu einem „Zustand des Gleichgewichts" zurückführen.

*

Der im Jahr 1919 in New York geborene Leon Festinger leitete also das Forscherteam. Wirft man einen Blick in die sieben bekanntesten angelsächsischen Werke der Sozialpsychologie, so steht Festinger an dritter Stelle der 25 meist zitierten Sozialpsychologen. Und einer Umfrage zufolge, in der 1725 amerikanische Psychologen angeben sollten, wer die größten Psychologen des 20. Jahrhunderts waren, rangiert Festinger auf Platz 5, gleich hinter Piaget oder Freud. Festinger verdanken wir nämlich zwei zentrale Theorien der Sozialpsychologie: die Theorie des sozialen Vergleichs und die der kognitiven Dissonanz.

Festinger promovierte 1942 an der Universität von Iowa, an der er danach noch ein Jahr lang als Wissenschaftler tätig war, bevor er bis 1945 an der Universität Rochester eine Stelle als Statistiker am Zentrum für die Auswahl und Ausbildung von Piloten innehatte. 1945 ging er zu Kurt Lewin an das Massachusetts Institute of Technology (MIT), wo er zu den Mitbegründern des ersten Forschungszentrums für Gruppendynamik zählte. Als dieses Zentrum an die Universität von Michigan verlegt wurde, wurde er sein Direktor. Seine Lehrtätigkeit setzte er an der Universität von Minnesota und ab 1955 an der Stanford Universität fort. Schließlich erhielt er 1968 einen Lehrstuhl an der New School for Social Research in New York.

*

Aber kehren wir zum Weltuntergang am 21. Dezember zurück. Ich spreche nicht vom 21. Dezember 2012, sondern vom 21. Dezember des Jahres 1954. Hier ging es nicht um den Maya-Kalender, sondern um Außerirdische und fliegende Untertassen. Wie Sie sehen, ist das Ende der Welt offenbar eine Geschichte ohne Ende …

Es war Ende September, als Leon Festinger beim gemütlichen Durchblättern des *Herald* von Salt Lake City auf der letzten Seite auf einen Artikel stieß, der folgendermaßen begann: „Eine Nachricht aus dem Weltall. Der Planet Clarion ruft die Bürger der Stadt auf: ‚Flieht vor der Sintflut, die am 21. Dezember über die Welt hereinbrechen wird!' Diese Warnung hat eine unserer Mitbürgerinnen aus dem All erhalten."

Es folgte eine Schilderung der apokalyptischen Geschehnisse, die Marian Keech in einer ihre „Visionen" angekündigt worden sein sollten. Angeblich hatte sie mehrere Botschaften vom Planeten Clarion über die unmittelbar drohende Flutkatastrophe erhalten. Sie war dazu „ausersehen worden, die Botschaft dieser höheren Wesen zu empfangen und zu übermitteln".

Für Leon Festinger stellte das eine wunderbare reale Situation dar, um einige der theoretischen Annahmen, mit denen er sich gerade beschäftigte, zu untersuchen und zu überprüfen.

*

Im vorigen Kapitel haben wir darauf hingewiesen, mit welchen Schwierigkeiten die Sozialpsychologen häufig konfrontiert sind, weil ihre Versuchspersonen über das Ziel der Untersuchung nicht informiert werden dürfen. Um konformes Verhalten oder den Gehorsam gegenüber einer Autorität zu untersuchen, ist es deshalb notwendig, die Versuchspersonen zunächst zu belügen.

Lüge und Schwindelei sind also manchmal unvermeidlich, will man bestimmte Prozesse untersuchen, denn andernfalls würde die Situation von den Probanden kontrolliert. Aus diesem Grund sind manche Studien auch unmöglich, weil sie gegen ethische Grundsätze verstoßen. Und dann geschieht es tatsächlich ab und zu, dass die Wirklichkeit jede Fiktion übertrifft!

Orson Welles, dem wir in Kapitel 2 begegnet sind, hatte sich erlaubt, ein Gerücht und falsche Informationen über das Radio auszustrahlen. Hadley Cantril und sein Team aus Sozialpsychologen hatten sich dies zunutze gemacht, um im Nachhinein den Einfluss des Radios auf die Panik zu untersuchen.

In dem hier geschilderten Fall schlichen sich Festinger und seine Mitarbeiter in eine reale Sekte ein, die den Weltuntergang vorhersagte, um zu beobachten, wie sich die Mitglieder verhielten, wenn ihnen klar wurde, dass der Weltuntergang nicht stattfand. Sie „nutzten" also eine Gelegenheit, die sie in dieser Form unmöglich künstlich im Labor hätten erzeugen können. Allerdings wurden sie mit dem Problem konfrontiert, dass sie ihre Beobachtungen aus der Perspektive beteiligter Sektenmitglieder anstellten.

*

Festinger, Riecken und Schachter stellten also ein Team zusammen, das diese Sekte infiltrieren, ihre Funktionsweise verstehen und vor allem beobachten sollte, wie die Mitglieder am Abend des 21. Dezember reagierten.

Die Sekte wurde von zwei Personen geleitet, einem Mann namens Dr. Armstrong und einer Frau. Marian Keech war die zentrale Figur. Sie erhielt Botschaften aus dem „Jenseits", die sie mithilfe der ihr verliehenen Gabe des „automatischen Schreibens" übersetzte. So kündigte sie für den 21. Dezember eine große Flut an, in der die Welt untergehen würde. Allein die Anhänger der Sekte würden von Außerirdischen gerettet werden.

Daraufhin brachen die Sektenmitglieder jegliche Verbindung zu ihrer Umgebung ab, besuchten keine öffentlichen Versammlungen, kündigten ihren Arbeitsplatz, um zu zeigen, wie ernst es ihnen war, und unterstützten die Sekte auch finanziell.

Als der Tag gekommen war, gab es natürlich weder eine Sintflut noch tauchten Außerirdische auf. Doch obwohl in der Sekte allgemeine Niedergeschlagenheit herrschte, konnten Festinger und seine Mitarbeiter zwei erstaunliche Reaktionen beobachten.

Zunächst einmal erhielt Marian Keech eine angebliche Botschaft der Außerirdischen, in der diese erklärten, warum es nicht zur Apokalypse gekommen war: Die Anhänger der Sekte hatten so viel und so inbrünstig gebetet, dass sie mit ihren Gebeten einen Schutzschild um die Erde gelegt hatten. Danach traf eine zweite Botschaft ein, in der ihr aufgetragen wurde, die Medien über das Geschehene zu informieren. Das löste eine Welle von Bekehrungseifer aus und verstärkte den Zusammenhalt mancher Gruppenmitglieder.

Wie lässt sich dieses Umschwenken der Sektenanhänger erklären? Man hätte doch annehmen können, ihnen „wären die Augen geöffnet worden", oder sie wären aus der Sekte ausgetreten, nachdem die erwartete Prophezeiung nicht eingetreten war.

Aber nichts dergleichen geschah. Im Gegenteil, das Ausbleiben der Apokalypse verstärkte sogar die Verbindung der Gruppenmitglieder untereinander und bewog die Sekte zu dem Versuch, ihren Einfluss noch auszuweiten. Da der Beweis für die Richtigkeit ihres Glaubens nicht eingetreten war, mussten sie das Geschehene rationalisieren und Erklärungen finden. Ihren Glauben konnten sie nicht in Frage stellen (das wäre einer Verleugnung all ihrer Handlungen der letzten Monate – ja, für die ersten Mitglieder sogar der letzten Jahre – gleichgekommen), und deshalb bekundeten manche der Sektenanhänger ihre Überzeugungen noch fester.

*

In einem Buch, das Festinger und seine Kollegen einige Jahre nach dieser Studie veröffentlichten (Festinger, Riecken, Schachter: *When Prophecy Fails*), schreibt er, dass fünf Bedingungen notwendig sind, damit ein Mensch seiner Überzeugung treu bleibt, obwohl diese durch die Realität widerlegt wurde: 1)

Der Glaube muss aus einer tiefen Überzeugung resultieren und sich auch auf das Verhalten des Betreffenden auswirken; 2) der Mensch muss sich seinem Glauben umfassend hingeben und ihm viele Opfer gebracht haben (indem er beispielsweise seine Arbeit kündigte oder ohne Bezahlung für die Sekte tätig war); 3) der Glaube muss ausreichend genau und weltbezogen sein, so dass er durch bestimmte Ereignisse oder deren Ausbleiben widerlegt werden kann; 4) der Gläubige muss diese Beweise anerkennen und 5) er muss von anderen unterstützt werden.

*

Die Konsistenz der Kognitionen – der Gedanken – stellt also eine Art psychologisches *Optimum* dar, doch Festinger interessierte sich genau für den gegenteiligen Fall, in dem dieser Zustand nicht erreicht ist, die Dissonanz. Sie tritt dann ein, wenn eine neue Kognition zu anderen, im geistigen Universum des Betreffenden bereits fest verankerten Kognitionen im Widerspruch steht.

Diese Inkonsistenz löst einen Spannungszustand aus. Festinger schloss nicht aus, dass es möglich ist, physiologische Auswirkungen der Dissonanz zu messen, etwa so wie bei Hunger und Durst. Ein durstiger Mensch wird versuchen, seinen Durst zu löschen,

und ebenso bemüht sich eine Person, die Dissonanz empfindet, diese zu reduzieren. In diesem Zustand wird der Mensch alles vermeiden, was die Dissonanz noch verschärfen könnte, und sucht deshalb aktiv nach konsonanten Informationen. Diese Hypothese leitet sich direkt aus dem Postulat ab, dass es sich bei der Dissonanz um einen Motivationszustand handelt: Die Person ist – bewusst oder unbewusst – bestrebt, diese psychologische Spannung bzw. die unangenehme Empfindung zu reduzieren.

Die meisten Studien zur Dissonanz wurden im Rahmen des so genannten *forced compliance*-Verfahrens durchgeführt, d.h. einer durch Manipulation herbeigeführten Zustimmung. Bei diesem Verfahren bringt der Versuchsleiter einen Probanden dazu, einer Aufforderung Folge zu leisten, die seiner Einstellung oder seinen Überzeugungen widerspricht (die Versuchsperson führt freiwillig eine Handlung aus, die nicht mit ihrem Wertesystem übereinstimmt).

Der Definition der Begriffe Konsonanz und Dissonanz liegt eine sehr einfache Vorstellung vom kognitiven System zugrunde. Die Basiseinheiten der Theorie bilden die Kognitionen, und diese werden in einem sehr umfassenden Sinn definiert als Werte, Überzeugungen, Einstellungen usw. Festinger unterschied zunächst einmal danach, ob sich die Kognitionen auf eine Verhaltensweise oder auf Umweltfaktoren beziehen. In Anlehnung an die Konzepte von Lewin betonte Festinger außerdem, dass bei

Wo stecken sie
denn, die Aliens?

Wir erwarten eine Erklärung!
Dir ist doch wohl klar,
dass wir wegen deiner Laternengeschichte
aufgehört haben uns zu bekriegen!

den Kognitionen zu unterscheiden sei, ob sie eine Reaktion auf die physische oder auf die soziale Realität darstellen. Er ging davon aus, dass der Mensch tendenziell einen Realitätsbezug besitzt, der verlangt, dass seine Kognitionen mit der einen oder anderen genannten Kategorie möglichst gut übereinstimmen.

Der Begriff der Inkonsistenz wird sehr weit gefasst. Ob eine Beziehung inkonsistent ist, scheint, wenn nichts Genaueres ausgesagt wird, weitgehend davon abzuhängen, wie der Einzelne sie empfindet. In der Praxis bemühten sich die Forscher im Allgemeinen jedoch, die Versuchspersonen mit ganz eindeutigen Widersprüchen zu konfrontieren.

Die klassische Art der Dissonanzreduktion besteht darin, seine Einstellung zu ändern und dem Handeln anzupassen (man versucht, sein Denken und seine Überzeugungen mit dem, was man tut, in Einklang zu bringen). In diesem Fall spricht man von kognitiver Rationalisierung. Ein solches Umdenken erlaubt es dem Betreffenden, sein angepasstes Verhalten *a posteriori* zu rechtfertigen.

*

In Zusammenarbeit mit James Carlsmith führte Festinger einige Jahre später einen Versuch durch, der diese kognitive Rationalisierung verdeutlichen sollte. Studenten mussten eine Stunde lang eine extrem langweilige Tätigkeit ausführen (sie sollten mit einer Hand Spulen auf eine Platte legen und dann alle 48 Stück zunächst um neunzig Grad in die eine Richtung drehen und sie

danach in die Ausgangsposition zurückbringen. Unter dem Vorwand, dass ihm ein Mitarbeiter fehle, bat der Versuchsleiter die Teilnehmer anschließend, das Experiment gegen Bezahlung dem nächsten Studenten zu schildern. Sie sollten den Versuch äußerst positiv beschreiben und lobend hervorheben, wie interessant und sinnvoll er sei. Sie sollten also schlichtweg lügen!

Dafür erhielten die Studenten entweder ein recht hohes Honorar (20 Dollar) oder eine geringe Bezahlung (1 Dollar). Nachdem sie ihre Aufgabe erledigt hatten, händigte ihnen ein weiterer Mitarbeiter einen Fragebogen aus, mit dem ihre tatsächliche Einstellung zu der stupiden Tätigkeit erfasst werden sollte. Festinger und Carlsmith wollten testen, wie die Bezahlung ihre Wahrnehmung beeinflusste. Eine Kontrollgruppe schließlich füllte den Fragebogen unmittelbar nach dem ersten Experiment aus und musste den Versuch anderen Studenten nicht schmackhaft machen.

Es zeigte sich, dass die Studenten, deren Entlohnung am geringsten ausgefallen war (also jene, die am wenigsten Grund hatten, das Experiment als reizvoll darzustellen), ihre Einstellung zu der langweiligen Tätigkeit am stärksten verändert hatten. Dass sie die Aufgabe letztendlich als eher interessant empfanden, bedeutet

Halt stopp! ...
wir glauben vielmehr,
dass du der Anführer der
Außerirdischen bist und
uns deshalb auf eine falsche
Fährte gelockt hast!...

Lass mich los,
du elender Erdling!

nur, dass sie ganz einfach ihre Einstellung mit ihrem Handeln in Einklang gebracht hatten.

Das Ende der Welt scheint Filmregisseure ganz besonders zu inspirieren. In dem Film *Armageddon* von Michael Bay (1998) rettet Bruce Willis die Erde mithilfe eines Astronautenteams. Und der Streifen *Three Days After Tomorrow* von Roland Emmerich wirkt aufgrund der Spezialeffekte absolut realistisch. Roland Emmerich verdanken wir noch einen weiteren Science-Fiction-Katastrophenfilm, der 2009 unter dem Titel *2012* in die Kinos kam. Dieser Titel ist offenbar eine Anspielung auf die Katastrophe, die dem Maya-Kalender zufolge am 21. Dezember über die Welt hereinbrechen wird. Wieder einmal ein 21. Dezember!

7

Machen Sie bitte weiter ...
Gehorsam und Unterordnung

1960. Universität Yale, New Haven (Connecticut).

„Was tue ich da eigentlich? Ich muss aufhören."
Vor drei Tagen, als ich die Anzeige in der Zeitung las, fand ich die Idee noch ziemlich interessant. Für eine Studie über das Lernen wurden Versuchspersonen gesucht – gegen Bezahlung.
Vor einer Stunde bin ich hier in der Universität eingetroffen. Wir waren zu zweit. Ein Wissenschaftler im weißen Kittel hat uns begrüßt. Es war sehr beeindruckend. Ich habe ja keine höhere Schule besucht, und deshalb kenne ich mich mit all diesen Gebäuden, den vielen Büchern und diesen Akademikern nicht aus.
Herr Milgram hat uns erläutert, dass er sich dafür interessiert, wie sich Bestrafung auf das Lernen auswirkt. Als er uns erklärte, dass einer von uns der Schüler sein sollte, dessen Aufgabe es wäre, Wörter zu lernen, und der andere der Lehrer, der den Lernprozess und die Bestrafungen zu kontrollieren hätte, ist mir schon ein wenig mulmig geworden ... aber ich habe Glück gehabt, das Los hat mich zum Lehrer bestimmt.
Allerdings bin ich mir inzwischen nicht mehr so sicher, dass das die bessere Rolle ist. Jedes Mal, wenn der andere Mann einen Fehler macht, muss ich ihm einen Elektroschock versetzen. Jetzt sind wir schon bei 110 Volt angelangt, und er antwortet nicht mehr! Ich weiß nicht mehr, was ich tun soll ... Und hinter mir höre ich den Wissenschaftler sagen:
„Machen Sie bitte weiter."

*

Stanley Milgram wurde 1933 in New York geboren. Zunächst studierte er Politologie, promovierte aber dann bei Salomon Asch an der Harvard-Universität in Sozialpsychologie. Unter dem Einfluss der Forschungsergebnisse seines Doktorvaters zum konformen Verhalten, vor allem aber unter dem Eindruck des Völkermordes an den europäischen Juden führte er zwischen 1960 und 1963 eine Reihe von Experimenten zur Unterordnung unter eine Autorität durch.

„Um den Gehorsam auf möglichst einfache Weise zu untersuchen", sagte Milgram, „muss man eine Situation schaffen, in der eine Person einer anderen befiehlt, eine beobachtbare Handlung auszuführen. Dann muss man registrieren, zu welchem Zeitpunkt und unter welchen Umständen es zur Unterwerfung oder zum Widerstand kommt."

*

Sehen wir uns den Versuchsablauf einmal an. Über Kleinanzeigen in der Lokalzeitung wurden Männer für die Teilnahme an einer wissenschaftlichen Studie über das Lernen gesucht. Sie erhielten dafür 4 Dollar. Die Versuchspersonen wurden jeweils zu zweit in die Labore der Yale-Universität einbestellt, wo man ihnen mitteilte, man untersuche dort, wie sich Bestrafung auf das Lernen auswirke. Die Problemstellung lautete: „Fördert Bestrafung das Lernen, und wenn ja, bei welchem Strafmaß wird die beste Leistung erzielt?"

Danach erläuterte man ihnen, dass es bei dem Experiment verschiedene Rollen gab. Das Los sollte entscheiden, wer als „Lehrer" und wer als „Schüler" fungieren sollte. Letzterer sollte eine Liste mit Wortpaaren auswendig lernen (etwa die Paare „Ente – wild"; „Himmel – blau" usw.), und jedes Mal, wenn er beim Abfragen dieser Wortpaare einen Fehler machte, würde er dafür mit einem Elektroschock bestraft werden. In Wirklichkeit war das Losverfah-

ren ein Bluff. Die Rolle des „Schülers" fiel immer derselben Person zu. Sie war nämlich ein Mitarbeiter des Versuchsleiters. Natürlich wusste die naive Versuchsperson, die den „Lehrer" spielen sollte, nichts davon, und es war wichtig, dass sie glauben konnte, sie selbst hätte sich ebenfalls in der Rolle des „Schülers" befinden können.

Die naive Versuchsperson, die in die Rolle des „Lehrers" schlüpfte, wurde vor einen Generator mit einer Reihe von Hebeln gesetzt. Diese waren in Kategorien eingeteilt, deren Stärke von „leichter Schock" (15 Volt) bis „gefährlicher Schock" (450 Volt) reichte. Das Verhalten des eingeweihten Helfers, der den „Schüler" spielte, war im Voraus festgelegt worden. Es wurden nacheinander vierzig Versuche durchgeführt, von denen dreißig kritische Versuche waren (d.h., der Helfer gab bewusst eine falsche Antwort). Jedes Mal, wenn die naive Versuchsperson im Verlauf des Experiments aufgrund der Klagen des „Schülers" zögerte, den Versuch fortzusetzen und versuchte ihn abzubrechen, reagierte der Versuchsleiter, der die Autorität verkörperte, und übte mit vier aufeinander folgenden Aufforderungen explizit einen immer stärkeren Druck aus:

* Machen Sie bitte weiter. Ich bitte Sie fortzufahren.
* Das Experiment erfordert, dass Sie weitermachen.

* Sie müssen unbedingt weitermachen.
* Ihnen bleibt keine Wahl, Sie müssen weitermachen.

Milgram maß also zwei Dinge: zum einen, ab welcher Voltzahl die Versuchspersonen im Durchschnitt anfingen, die Fortsetzung des Experiments trotz der vier immer stärker werdenden Aufforderungen zu verweigern, und zum anderen, wie viele der Versuchspersonen bis zum Ende gehorchten und trotz des Flehens der „Schüler" Stromstärken von 450 Volt verabreichten. Die Reaktionen des „Schülers" waren im Voraus festgelegt und reichten von einem einfachen Wimmern bis hin zu lauten Schmerzensschreien: „Lassen Sie mich gehen! Ich will bei diesem Versuch nicht mehr weiter mitmachen! Ich weigere mich, weiterzumachen!"

Zuvor befragte Psychiater hatten vorhergesagt, es werde keinen absoluten Gehorsam geben (ihrer Ansicht nach würde keine der Versuchspersonen bis zu 450 Volt gehen), und es würden allerhöchstens 120 Volt verabreicht werden. Die Ergebnisse überraschten die Welt der Wissenschaft umso mehr. 62,5 Prozent der Versuchspersonen gehorchten bis zum Schluss, d.h., etwa zwei Drittel der Teilnehmer verabreichten dem „Schüler" Stromstöße von 450 Volt! Die in diesem Experiment durchschnittlich erteilte Stärke der Schläge lag bei 350 Volt.

*

Von Unterwerfung oder Gehorsam sprechen wir in Situationen, in denen eine Person ihr Verhalten ändert, um den direkten Anordnungen einer Autorität Folge zu leisten. Genau wie sein Doktorvater Salomon Asch wollte Stanley Milgram verstehen, wie es zum Genozid an den Juden kommen konnte. Mit anderen Worten, wie war es möglich, dass ganz normale Frauen und Männer zu Henkern wurden? Milgram wollte eine Situation untersuchen, in der es für den Einzelnen um sehr viel mehr ging, als in den von Asch durchgeführten Experimenten zum konformen Verhalten, eine Situation, die problematischere Entscheidungen erforderte. In Aschs Versuchen übte die Mehrheit implizit einen Druck aus, und die Versuchsteilnehmer besaßen alle den gleichen Status. Milgram aber wollte unter Versuchsbedingungen herausfinden, wie sich der explizite und direkte Druck einer Autorität auf die Handlungen oder das Verhalten von Menschen auswirkt. In diesem Fall besaß derjenige, von dem die Beeinflussung ausging (die Autorität), einen höheren Status als die Versuchsperson.

*

Ende der 1960er Jahre versuchte eine Gruppe von Forschern unter der Leitung von Charles Hofling, das Milgram'sche Expe-

riment zu wiederholen, dieses Mal aber unter den natürlichen Bedingungen in Kliniken. Würde man zu denselben Ergebnissen gelangen? In dieser Studie bat ein Arzt, ein gewisser Dr. House, Krankenschwestern am Telefon, einem Patienten 20 mg des Medikaments *Astroten* zu verabreichen. Diese Anordnung verstieß aus vier Gründen gegen die Klinikvorschriften:

* Die Verordnung stammte von einem Arzt, den die Krankenschwestern nicht kannten (denn einen Dr. House hatte es in diesem Krankenhaus nie gegeben);
* die Verordnung erfolgte am Telefon, und das war streng untersagt;
* die Verwendung von *Astroten* war in dem Krankenhaus nicht zugelassen (das Genehmigungsverfahren für das Präparat lief noch);
* die verordnete Dosis von 20 mg war viel zu hoch. Auf der Flasche stand ganz deutlich, dass die maximale Tagesdosis 10 mg nicht überschreiten durfte. Der Arzt hatte aber die doppelte Dosis angeordnet.

In dieser Situation hatten die Krankenschwestern die Wahl, entweder den Anordnungen von Dr. House Folge zu leisten, d.h. dem Arzt und damit einem Vorgesetzten zu gehorchen, oder aber sich zu weigern. Im ersten Fall gefährdeten sie möglicher-

weise die Gesundheit ihres Patienten. Die Ergebnisse fielen noch überraschender aus als im Experiment von Milgram: 21 der 22 Krankenschwestern, die diese Anweisung erhalten hatten, taten, was der Arzt von ihnen verlangt hatte. Keine Sorge, der Inhalt des Fläschchens war durch eine für den Patienten ungefährliche Flüssigkeit ersetzt worden. Selbst wenn sich ein solches Verhalten heute sicherlich nicht noch einmal reproduzieren ließe (zumindest nicht in der gleichen Form), so ist es doch erschreckend zu sehen, wohin Gehorsam führen kann …

*

Milgram führte sein Experiment in 19 verschiedenen Varianten durch, um zu testen, wie sich die unterschiedlichen Variablen auf die Unterordnung unter eine Autorität auswirkten und um zu verstehen, was genau den Gehorsam (bzw. den Ungehorsam) auslöste. Dabei interessierte ihn vor allem die Distanz, die zum einen „Lehrer" und „Schüler" und zum anderen „Lehrer" und Versuchsleiter voneinander trennte.

Deshalb veränderte er zunächst den räumlichen Abstand zwischen den beiden an dem Versuch Beteiligten (der naiven Versuchsperson und dem eingeweihten Helfer). Intuitiv nahm er an, mit einem verringerten Abstand würde auch der Gehorsam schwächer. Die beiden ersten Versuchsbedingungen, die des „entfernten Feedbacks" und die des „akustischen Feedbacks" sahen vor, dass sich die beiden Personen nicht im selben Raum befanden. Der einzige Unterschied bestand darin, dass der „Lehrer" den „Schüler" hörte oder nicht. Unter der Bedingung der „Nähe" hielten sich beide im selben Raum auf. Beim „Kontakt" schließlich musste der „Lehrer" aktiv einschreiten und die Hand des Schülers zurück auf die Elektrode legen, weil es diesem gelungen war, sich teilweise zu befreien.

Auch dieses Mal fielen die Ergebnisse interessant aus. Unter den beiden ersten Bedingungen, bei denen sich „Lehrer" und „Schüler" nicht im selben Raum befanden, betrug die Gehorsamsrate 65 bzw. 62 Prozent. Hielten sich beide im selben Raum auf, lag der Anteil der gehorsamen Probanden noch bei 40 Prozent ... erreichte aber immer noch 30 Prozent, wenn der „Lehrer" die Hand des „Schülers" berühren musste! Man hätte doch annehmen können, dass unter dieser letzten Bedingung alle Versuchspersonen das Experiment abbrechen und folglich den Gehorsam verweigern würden, doch selbst jetzt führte fast ein

Drittel von ihnen das Experiment bis zum Schluss durch! Das heißt, sie verabreichten Stromstöße von 450 Volt, nur weil der Versuchsleiter, der Wissenschaftler, es von ihnen verlangte.

Damit begnügte sich Milgram jedoch noch nicht, denn er wollte zusätzlich testen, wie sich die räumliche Distanz zwischen dem „Lehrer" und dem Versuchsleiter auswirkte. Was passiert, wenn die Autoritätsperson sich entfernt? Gehorcht die Versuchsperson auch weiterhin? In einer neuen Spielform des Experiments erläuterte der Versuchsleiter zunächst seinen Versuch, verließ danach den Raum und erteilte seine weiteren Anweisungen per Telefon. Unter diesen Bedingungen sank die Gehorsamsrate auf 20,5 Prozent. Offenbar waren die Versuchspersonen sehr viel besser in der Lage, sich dem Versuchsleiter zu widersetzen, wenn er nicht neben ihnen stand. Interessant ist außerdem, dass sich die „Lehrer" in Abwesenheit des Versuchsleiters anders verhielten, als wenn er sich im selben Raum aufhielt. So teilten sie beispielsweise schwächere Stromstöße aus, als sie eigentlich sollten. Und fragte der Versuchsleiter sie, ob alles nach Plan liefe und sie schön regelmäßig die Voltzahl erhöhten, logen sie ihn an. Die naiven Probanden in der Rolle des „Lehrers" verweigerten also

nicht direkt den Gehorsam und widersetzten sich nicht unmittelbar der Autorität, sondern zogen es vor, sich anzupassen und das Experiment fortzusetzen, allerdings unter ein wenig veränderten Regeln.

*

Warum gehorchten die Versuchspersonen in Milgrams Experiment? Studenten, denen man diese Frage stellte, meinten, es läge vermutlich in erster Linie an den Charaktereigenschaften der jeweiligen Personen (man spricht hier von Dispositionseigenschaften) und nicht so sehr an Faktoren, die mit der Situation an sich zu tun haben (so genannten Situationsfaktoren). In dem Experiment von Milgram waren aber gerade diese von großem Gewicht.

Wenn die Gehorsamsrate je nach Versuchssituation zwischen 0 und 92,2 Prozent schwanken kann, fällt es allerdings schwer zu glauben, dass dafür lediglich die Persönlichkeit verantwortlich ist.

Von Kindesbeinen an lernen wir, uns bestimmten Autoritätsinstanzen unterzuordnen: der Familie (Achtung vor der Autorität der Erwachsenen) oder den Institutionen (nach der Familie kommt die Schule und später beispielsweise ein Unternehmen). All das führt dazu, dass wir die gesellschaftliche Ordnung verinnerlichen: Gehorchen wir, werden wir normalerweise dafür belohnt, lehnen wir uns aber auf, folgt die Strafe ... Milgram zufolge müssen bei der Erklärung für diese Fügsamkeit zwei unterschiedliche psychologische Zustände berücksichtigt werden: zum einen der Zustand der Autonomie (der Betreffende fühlt sich für sein Handeln persönlich verantwortlich und orientiert sich in seinem Verhalten an seinem eigenen Gewissen), und zum anderen der Zustand als Befehlsempfänger (ein Zustand der Verantwortungslosigkeit, in dem die Person sich nicht als Urheber ihres Verhaltens empfindet, sondern lediglich als jemand, der Dinge tut, über die nicht er selbst, sondern eine Autorität entscheidet). Dieser Zustand stellt nach Ansicht Milgrams „die Bedingung dar, unter der sich die Person als Vollstrecker eines fremden Willens empfindet. Im Gegensatz dazu steht der Zustand der Autonomie, in dem sie meint, ihr Handeln selbst zu bestimmen". Die Person ist nur ein Werkzeug in einem hierarchischen System und handelt als Befehlsempfänger, übernimmt aber nicht die Verantwortung für ihr Tun.

Dies ging jedenfalls ganz klar aus den Interviews hervor, die Milgram mit jedem einzelnen Versuchsteilnehmer führte. Verantwortlich war in ihren Augen entweder der Versuchsleiter (er hatte befohlen weiterzumachen) oder aber der „Schüler" (hätte er sich angestrengt, wären ihm die Schocks erspart geblieben). In keinem einzigen Fall meinte der „Lehrer", selbst für das Geschehene verantwortlich zu sein.

Selbstverständlich müssen die Versuchspersonen die Autorität als rechtmäßig anerkennen, um in diesen Zustand des ausführenden Befehlsempfängers zu geraten. Diese Anerkennung wird durch den soziokulturellen Kontext erleichtert: In unserer Gesellschaft genießt die Wissenschaft hohes Ansehen. Außerdem muss ein unmittelbares Verhältnis zu der Autorität bestehen (die Anordnungen richten sich direkt an die Person), und schließlich müssen die Befehle einen Bezug zu der Autorität haben (ein Wissenschaftler darf auffordern, Stromstöße auszuteilen, nicht aber, auf einen anderen zu schießen).

In dem französischen Kriminalfilm *I ... wie Ikarus* von Henri Verneuil aus dem Jahr 1979 wird die Geschichte eines Staatsanwaltes erzählt (gespielt von Yves Montand), der den Tod des Präsidenten eines fiktiven Staates aufzuklären hat (das Ganze erinnert ganz offensichtlich an die Ermordung John F. Kennedys in den USA). Im Verlauf seiner Ermittlungen findet er heraus, dass der Hauptverdächtige an einem Experiment einer Universität teilgenommen hat. Er beschließt, dorthin zu fahren und wird Zeuge des Milgram'schen Experiments. Dieser Film hat Milgrams Versuch und die Ergebnisse daraus einem breiten Publikum bekannt gemacht. Vor nicht ganz so langer Zeit hat der deutsche Regisseur Dennis Gansel seinen Film *Die Welle* in die Kinos gebracht. Es handelt sich dabei um eine leicht abgewandelte Filmversion von *The Third Wave*, einem Experiment, das der Geschichtslehrer Ron Jones im Jahr 1967 mit Schülern einer Highschool im kalifornischen Palo Alto durchgeführt hatte. Der Film schildert das Rollenspiel, das Ron Jones mit seinen Schülern veranstaltet hatte, um ihnen zu zeigen, dass ein autokratisches System auch heute noch möglich wäre.

2009 strahlte der Sender France Télévisions einen Dokumentarfilm von Christophe Nick aus, in dem in einer fiktiven Fernsehshow mit dem Titel *Zone Xtrème* das Experiment von Milgram wiederholt wurde. Die wissenschaftliche Autoritätsperson wurde von einer Fernsehmoderatorin verkörpert! Nicht mehr die Wissenschaft ist die Autorität, sondern das Fernsehen, und als Belohnung lockt ein Geldbetrag. 80 Prozent der Versuchspersonen in diesem Dokumentarfilm gehorchten den Anweisungen. Der Film war als Kritik an den Realityshows im Fernsehen gedacht.

8

Allein traust du dich doch nicht...

Polarisierung und Gruppendenken

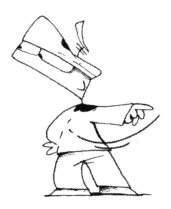

Auf dem Weg zum der Göttlichen Flasche Bakbuk[1].

Pantagruel bin ich ganz zufällig auf der Brücke von Charenton begegnet, er befand sich in erbärmlicher Gesellschaft. Ich war damals gerade auf dem Heimweg aus der Türkei, wo mich die Ungläubigen am Spieß braten wollten. Mit Mut und Kühnheit hatte ich mich, einen glühenden Holzscheit zwischen den Zähnen, aus dieser misslichen Lage befreit und sogar noch den Palast des Paschas in Brand gesteckt, der mich hatte rösten lassen wollen.

Viele Jahre sind seitdem vergangen, und jetzt sitzen wir hier auf diesem Schiff. Es ist der fünfte Tag unserer Überfahrt, und heute Morgen haben wir einen Segler gesichtet, der aus dem Land der Laternier kam. Wir gingen längsseits und ich stieg an Bord des Schiffes dieser Leute aus der Saintonge. Ein wenig Gesellschaft tut immer gut.

Wir unterhielten uns prächtig und alles verlief bestens, bis dieser Kaufmann namens Truthahn mich anpöbelte: „Oh, du Brillenträger des Satans!" Mein Blut geriet in Wallung. Was sollte das? Gefiel ihm etwa meine Brille nicht? Der Streit eskalierte, aber schließlich war es wieder einmal Pantagruel, dem es gelang, die Gemüter zu besänftigen. Eben gerade habe ich diesem Truthahn die Hand gereicht, und wir haben mehrere Humpen Wein zusammen geleert, um unsere Versöhnung zu feiern.

„Truthahn, um den Frieden zu besiegeln, verkaufe mir doch einen deiner Hammel. Den Preis sollst du bestimmen!" Er war zäh, dieser Kaufmann, und es bedurfte meines ganzen Verhandlungsgeschicks.

Ich bezahlte, was er verlangte, und suchte mir aus seiner Herde den allerschönsten und stattlichsten Hammel aus und trug ihn unter Gemecker und Geblöke davon. Meine Rache war nah … und nun hopp, ins Wasser mit dem prächtigen Burschen, dem blöden Tier!

Und schon begannen all die anderen Schafe, sich schreiend und blökend ihm hinterher über Bord zu stürzen. Alle drängten, wer als erster spränge. Truthahn versuchte, sie aufzuhalten, er schrie und zeterte, aber ihr wisst ja, wie Schafe sind. Der Kaufmann

---

[1] Das Folgende ist eine gekürzte Fassung einer Episode aus Rabelais' Werk *Gargantua und Patagruel*, auf Deutsch erschienen im Insel-Verlag (hrsg. von Horst und Edith Heintze und mit Erläuterungen von H. Heintze und Rolf Müller), 1976. Die Geschichte stammt aus dem IV. Buch, Kapitel 6 und 7. (Anm. d. Übers.)

konnte nichts ausrichten und all seine Versuche blieben verge-
bens.
Ich weiß nicht, warum alle Welt von Panurgs Schafen spricht, es
waren doch gar nicht meine, sie gehörten doch diesem Truthahn!
Ha, ha, ha!!![2]

*

Anfang der 1970er Jahre formulierte Irving Janis seine Theorie
vom „Gruppendenken". Der Professor für Psychologie an der
Yale-Universität stellte sich die Frage, welcher Prozess zur Entscheidungsfindung in Expertengruppen führt. Dabei interessierte
sich Janis ganz besonders dafür, wie es kommt, dass solche Gruppen manchmal absolut unangemessene Entscheidungen treffen,

---

[2] „Les moutons de Panurge" (Panurgs Schafe) ist eine französische Redensart,
um Menschen zu bezeichnen, die wie Schafe in der Menge ihrem Herdentrieb
folgen und den eigenen Verstand ausschalten. (Anm. d. Übers.)

obwohl sie sich aus eigentlich äußerst kompetenten Mitgliedern zusammensetzen.

Irving Janis analysierte verschiedene Ereignisse aus der Geschichte, die in der amerikanischen Politik katastrophale Folgen hatten:

* Pearl Harbour: Wie und warum konnte es geschehen, dass die amerikanischen Militärs die Gefahr eines Angriffs auf ihre Kriegsflotte in Pearl Harbour nicht wahrnahmen und die verfügbaren alarmierenden Informationen ignorierten?
* Die Operation Schweinebucht, mit der die Amerikaner im Jahr 1961, unter der Präsidentschaft John F. Kennedys, versuchten, den Sturz Fidel Castros herbeizuführen.
* Die zunehmende Verstrickung Amerikas in den Vietnamkrieg in den Jahren 1964 bis 1967 unter der Regierung Lyndon Johnsons.

Für Janis lassen sich all diese Fiaskos als Folge einer schlechten Entscheidungsfindung erklären. Seiner Ansicht nach ist es in den

zuständigen Kreisen offenbar zu dem Phänomen des „Gruppendenkens" gekommen. Darunter versteht er die in manchen sehr eng zusammenhängenden Gruppen vorhandene Tendenz, Entscheidungen auf der Grundlage einer falschen Einschätzung der Situation zu treffen.

Janis zufolge neigen die Mitglieder einer eng zusammenhaltenden Gruppe zu der vorschnellen Annahme, ihre Auffassung sei richtig und alle würden ihre Meinung teilen. Sie machen sich nicht die Mühe, eventuell abweichende Standpunkte zu prüfen. Das Auftreten eines „Gruppendenkens" wäre demnach auf den hohen Grad an Zusammengehörigkeit innerhalb der Gruppe (Solidarität, gegenseitige Anziehung, Corpsgeist) zurückzuführen, außerdem auf die relative Abkapselung der Gruppe von der Außenwelt, auf das Fehlen präziser Methoden zur Untersuchung und Beurteilung verschiedener Handlungsmöglichkeiten, auf die Anwesenheit einer Führungspersönlichkeit, die ihre Haltung als maßgeblich präsentiert, sowie auf den hohen Stress, dem die Mitglieder ausgesetzt sind, und die es nicht wagen, ihre Zweifel anzumelden.

Janis' Analysen gehören in den Rahmen der Arbeiten über die Einflussmechanismen innerhalb von Gruppen, auf die wir in den vorangegangenen Kapiteln eingegangen sind. Es sollte jedoch unbedingt darauf hingewiesen werden, dass nicht alle kollektiv getroffenen Entscheidungen schlecht sind. Janis' Analysen der zentralen Rolle, die der Gruppenzusammenhalt spielt, wurden in Frage gestellt. Denn einerseits gibt es sehr eng zusammengehörige Gruppen, in denen unterschiedliche Meinungen akzeptiert werden (beispielsweise Paarbeziehungen oder Familien), und andererseits kommt es auch vor, dass Gruppen mit eher losem Zusammenhalt fragwürdige Entscheidungen treffen. Letztendlich ist der Grund für das „Gruppendenken" vermutlich eher in dem Wunsch der Gruppenmitglieder nach Zusammengehörigkeit zu sehen als in dem Zusammenhalt an sich.

*

Werden Entscheidungen in der Gruppe getroffen, kann das zu einer höheren Risikobereitschaft führen, als wenn jedes Mitglied für sich allein entschieden hätte: Man spricht in solch einem Fall von dem Phänomen der Gruppenpolarisierung. Gemeint ist, dass die Entscheidungen oder die Meinungen der einzelnen Gruppenmitglieder in der von der Gruppe getroffenen Entscheidung bzw. in der von ihr vertretenen Meinung eine Zuspitzung erfahren. Das heißt, die Ansichten der Gruppenmitglieder „verhärten" oder „radikalisieren" sich also, was zur Folge hat, dass gemeinsame Entscheidungen extremer ausfallen als die durchschnittlichen Beurteilungen der Einzelnen in der Diskussion.

Diese Polarisierung trat zunächst bei Versuchen zutage, bei denen es um unterschiedlich hohe Risikobereitschaft ging. Das Phänomen der Gruppenpolarisierung war sofort Anlass für zahlreiche weitere Versuche, denn es widersprach den damals vorherrschenden Theorien, welche lediglich die mäßigende und Normen bildende Rolle der Gruppe hervorhoben (denken Sie nur an das von Sherif untersuchte Phänomen der Normenbildung). Zunächst sah die Forschung in diesem Phänomen nichts

weiter als eine Ausnahme von dem „allgemeinen Gesetz" des mäßigenden Einflusses der Gruppe auf die Meinungen.

Ende der 1960er Jahre schlugen Moscovici und Zavalloni vor, den Begriff der Risikobereitschaft neu zu interpretieren und in ihr nur ein Beispiel für das allgemeine Phänomen der Polarisierung von Einstellungen in einer Gruppe zu sehen: Ursache für die Polarisierung war ihrer Ansicht nach die mehr oder weniger starke Einbindung des Einzelnen in die Interaktion. In ihrer Untersuchung ging es nicht um Probleme der Risikobereitschaft, sondern um die Äußerung von Einstellungen, genauer gesagt, um die Einstellung zu General de Gaulle und zu den Nordamerikanern. Es zeigte sich, dass sich durch die Diskussion in der Gruppe die positive Haltung gegenüber Charles de Gaulle und die negative gegenüber den Nordamerikanern verstärkten. Nach der Diskussion blieben übrigens die einzelnen Gruppenmitglieder bei der in der Gruppe angenommenen Position.

*

Aufgrund der wissenschaftlichen Arbeiten gelang es, eine ganze Reihe von Faktoren zu isolieren, die das Ausmaß oder die Intensität der Polarisierung variieren lassen:

* Die Gruppenmitglieder haben die Gelegenheit, ihre Argumente im Rahmen einer „richtigen" Diskussion auszutauschen.
* Bereits vor der Diskussion besteht innerhalb der Gruppe dieselbe Grundeinstellung (alle befürworten beispielsweise die Möglichkeit des Schwangerschaftsabbruchs, allerdings in unterschiedlichem Ausmaß).
* Gibt es vor Beginn der Diskussion unterschiedliche Ansichten in der Gruppe, so fördert das die Polarisierung.
* Die Tendenz zur Polarisierung verschärft sich, wenn der Diskussionsgegenstand für die Mitglieder von persönlichem Interesse ist.

◈ Eine eher informelle Diskussion fördert die Polarisierung. Findet die Diskussion dagegen in einem bestimmten Rahmen statt oder ist ein offizieller Gruppenleiter vorhanden, verringert das die Polarisierung.

*

Warum ändern Menschen ihre Meinung in der Gruppe? Diese Frage ist auch heute noch stark mit dem Namen Kurt Lewin und seinen Arbeiten aus den 1940er Jahren verknüpft.

Der amerikanische Psychologe deutscher Herkunft, Kurt Lewin, wurde 1890 geboren. 1933 emigrierte er in die Vereinigten Staaten, wo er an verschiedenen Universitäten lehrte, vor allem an der Cornell-Universität (1933), der Universität von Iowa (1935) und am Massachusetts Institute of Technology (MIT) (1944). Hier gründete er das Forschungszentrum für Gruppendynamik. Aus seiner Schule sind viele Sozialpsychologen hervorgegangen (Festinger, White, Lippit, Schachter und andere), und sein Name steht auch heute noch für die unabdingbare und unbestreitbare Verbindung zwischen der allgemeinen und der spezifischen

Theorie, zwischen Formalisierung und Feldforschung, zwischen Theorie, Versuch und Laborexperiment.

Für Lewin stellt die Gruppe ein „Kräftefeld" dar, ein System von Spannungen einander entgegengesetzter Kräfte, von denen einige nach Veränderung drängen, andere dagegen Stabilität anstreben. Seiner Ansicht nach resultieren die Verhaltensweisen in einer Gruppe daraus, dass ein fast stationäres Gleichgewicht zwischen gleichartigen und gegensätzlichen Kräften herrscht, das veränderungsresistent ist. Um eine Veränderung herbeizuführen, muss das Kräftefeld verschoben werden, entweder durch die Stärkung der einen Seite oder aber die Schwächung der anderen. Man kann also den Druck erhöhen, der von den nach Veränderung strebenden Kräften ausgeht, oder aber den der anderen, die sich der Veränderung widersetzen, abschwächen. Die tatsächliche Verhaltensänderung erfordert Lewin zufolge eine ganz explizite Entscheidung der Gruppenmitglieder, und diese Entscheidung „schweißt" sie dann sozusagen zusammen.

*

In Lewins bekanntestem Experiment ging es um die Veränderung von Ernährungsgewohnheiten. Mit ihrem Versuch wollten die Forscher dazu beitragen, den Konsum von Innereien (Kuddeln, Rinderherz, Nieren...) zu steigern, um den während des Krieges herrschenden Nahrungsmittelmangel zu verschleiern. Bei den Versuchsteilnehmern handelte es sich um amerikanische Hausfrauen, denn diese entschieden schließlich darüber, ob sie ihrer Familie Innereien vorsetzen wollten oder nicht. Zwei Methoden zur Veränderung des Verhaltens wurden miteinander verglichen: zum einen die „klassische" Methode des Vortrags, zum anderen die Diskussion in Kleingruppen.

Bei der so genannten klassischen Methode versammelte Lewin alle Hausfrauen in einem Raum, wo ihnen ein Redner 45 Minuten lang all die Vorzüge des Verzehrs von Innereien darlegte: Sie seien billig, schmackhaft und reich an Nährstoffen. Dieses Verfahren erwies sich als Enttäuschung. Nur drei Prozent der Hausfrauen änderten ihre Ernährungsgewohnheiten.

Bei der Diskussionsmethode erhielten die Hausfrauen in kleinen Gruppen die gleichen Informationen, nur war an die Stelle des Vortragenden ein Moderator getreten, der die Gruppe dazu anregte, eine Entscheidung zu finden. Er forderte die Hausfrauen auf, sich untereinander auszutauschen. Nach der Sitzung bat er sie um ein Handzeichen, wenn sie bereit wären, in der folgenden Woche Innereien zuzubereiten. Ergebnis: 30 Prozent der Hausfrauen servierten ihrer Familie Nieren und dergleichen.

Diese unterschiedlichen Ergebnisse lassen sich durch mehrere Faktoren erklären:

* Bei einer gut geführten Diskussion werden die Teilnehmer sehr viel stärker mit einbezogen als beim Anhören eines Vortrags;
* im Gegensatz zu den Hörern eines Vortrags werden die Teilnehmer an der Diskussion dazu gebracht, eine Entscheidung zu treffen;

* in einer Diskussion erfährt jeder, welche Position die anderen Teilnehmer beziehen; nach einem Vortrag bleibt man darüber im Unklaren;

* in einer Diskussionsgruppe kann jedes Mitglied ganz persönlich angesprochen werden, was in einem Hörsaal oder Vortragsraum unmöglich ist;

* möglicherweise spielte auch die Person des Gruppenmoderators eine entscheidende Rolle. Es handelte sich nicht um dieselbe Person, die den anderen Gruppen den Vortrag gehalten hatte;

* und schließlich waren nur die Teilnehmerinnen an den Diskussionsgruppen darüber unterrichtet worden, dass eine Umfrage darüber durchgeführt werden sollte, ob sie ein neues Nahrungsmittel in den Speiseplan ihrer Familie aufnehmen würden. Damit sollte tatsächlich die Wahrscheinlichkeit erhöht werden, dass sich zwischen den beiden Versuchsbedingungen ein Unterschied zeigte.

Lewin gelangte zu dem Schluss, dass es einfacher ist, die Gewohnheiten einer Gruppe zu verändern, als die einer Einzelperson. Dieses Ergebnis hat sich in späteren Untersuchungen vielfach bestätigt. Es beweist, dass es für eine tatsächliche Änderung des Verhaltens notwendig ist, dass der Einzelne in Fragen, die ihn ausdrücklich betreffen, wirklich am Entscheidungsprozess beteiligt wird. Die Diskussion ist erforderlich, weil sie Normen „aufweichen" kann und eine Entscheidungsfindung vorbereitet. Die von Lewin verwendete Methode ähnelt den Manipulationstechniken auf der Grundlage der Theorie vom Engagement. Die Diskussion an sich eröffnet bereits die Möglichkeit zur Veränderung, doch von ganz besonderem Gewicht ist auch die Rolle des Moderators, der die Diskussion leitet und ein öffentliches Votum für die Entscheidung erreicht.

*

Wie lassen sich Menschen dazu bringen, ein bestimmtes Verhalten anzunehmen, ohne dabei ihre Überzeugungen, ihre Einstellungen oder ihre Ziele zu verändern? Die von Charles Kiesler zu Beginn der 1970er Jahre aufgestellte Theorie vom Engagement (*commitment*) schlägt eine andere Methode vor: Um das Verhalten und die Überzeugungen von Menschen zu verändern, muss man sie dazu bringen zu handeln. Nach Ansicht Kieslers engagieren wir uns nur, wenn wir aktiv handeln. Nicht unsere Ideen oder Gefühle verpflichten uns, sondern allein unser tatsächliches Tun.

Kiesler untersuchte die Wirkung des Engagements anhand von Entscheidungsaufgaben, die keinerlei Risiken beinhalteten. Er bat Studenten, die sich freiwillig dazu bereit erklärt hatten, einen Aufsatz zu schreiben, in dem sie zur gemeinsamen Planung des universitären Kurrikulums durch Studierende und Lehrende Stellung beziehen sollten. Es handelte sich dabei um einen Versuch zur Erfassung einer positiven Einstellung, denn die Studenten befürworteten die gemeinsame Planung. Die eine Hälfte der Studenten wurde für ihre Mühe mit einem halben Dollar belohnt

(sie waren die „stark Engagierten"), die andere erhielt zwei Dollar (sie waren die „schwach Engagierten"). Danach wurden die Studenten mit einer heftigen Gegenpropaganda konfrontiert (sie mussten einen Text lesen, in dem die Nachteile einer gemeinsamen Planung von Studierenden und Lehrenden überzeugend dargelegt wurden). Im Anschluss wurde die Einstellung der Versuchsteilnehmer zu einer gemeinsamen Planung des Lehrplans gemessen, um festzustellen, ob sich ihre Haltung möglicherweise verändert hatte. Es zeigte sich, dass die Wirkung der Propaganda sehr unterschiedlich ausgefallen war, und zwar je nachdem, ob die Versuchspersonen eine geringe oder eine höhere Belohnung erhalten hatten. Unter der Bedingung des „starken Engagements" (Entlohnung ein halber Dollar) hatten die Studenten der Propaganda widerstanden und beurteilten die Zusammenarbeit von Lehrern und Studenten noch ebenso positiv wie am Anfang. Unter der Bedingung des „schwachen Engagements" waren sie dagegen der Propaganda erlegen und befürworteten die Zusammenarbeit nun in wesentlich geringerem Maß.

Die Wirkung des Engagements zeigt sich sowohl auf der Verhaltensebene als auch auf der kognitiven Ebene. Das Engagement stellt also einen Faktor dar, der sich der Veränderung widersetzt. Kiesler zufolge versucht der Einzelne außerdem, die Inkonsistenz zwischen seinen Einstellungen und seinen Handlungen zu reduzieren. Wenn also das Handeln einer Person nicht mit ihrem früheren System an Überzeugungen und Werten übereinstimmt, wird sie ihre Einstellung dahingehend verändern, dass diese eine größere Konsistenz mit ihrem Tun erhält. Entspricht dagegen das Handeln ihren bestehenden Überzeugungen und Werten, wird die Person gerade durch ihr Handeln gegenüber späteren Argumenten, die diese Werte oder Überzeugungen in Frage stellen, resistenter sein.

Sie erwachen nach einer feuchtfröhlichen Nacht. Ihnen fehlt jegliche Erinnerung an das, was am Vorabend geschehen ist. Aber Ihr Freund, der Bräutigam, ist verschwunden. Und Stu, einem anderen Freund, fehlt ein Zahn. Und im Badezimmer ist ein Tiger, und im Schrank liegt ein Baby. So beginnt der Film *Very Bad Trip* (2009), in dem Gruppensituationen und falsche Entscheidungen einander ablösen.

1954 verfasste der britische Autor William Golding seinen Roman *Lord of the Flies* (Herr der Fliegen). Darin erzählt er die Geschichte einer Gruppe von Jungen, die nach einem Flugzeugabsturz auf einer einsamen Insel stranden. Auf sich selbst gestellt und ohne einen Erwachsenen versuchen die Kinder, sich zu organisieren und so etwas wie eine Gesellschaft klick! auf die Beine zu stellen. Doch das Unterfangen scheitert sehr rasch, und übrig bleibt eine reine Stammesorganisation.

9

Nein, ich habe nichts gehört, warum?

Teilnahmslosigkeit und Zuschauereffekt

1964. Kew Gardens, Queens, New York.

Dieser Artikel erinnert Sie schonungslos an das, was vor zwei Wochen passiert ist. In jener Nacht vom 13. März ... Wie spät war es doch gleich? 3 Uhr? 3 Uhr 20 steht in der Zeitung. „Hilfe! Hilfe!" Die Schreie klingen Ihnen noch in den Ohren. „Oh mein Gott, er sticht zu ... ich sterbe!"

Haben Sie sie gehört, diese Sätze? Sie erinnern sich nicht mehr? Die Überschrift des Artikels von Martin Gansberg ist allerdings vollkommen eindeutig: „38 Zeugen haben den Mord mit angesehen, und keiner hat die Polizei gerufen." Die Polizei hat Sie befragt. Ausführlich. Außerdem sollen Sie im Prozess gegen Winston Moseley als Zeuge auftreten.

Catherine Susan Genovese, so hieß das Opfer. Ihre Nachbarin. Nein, besser eine Ihrer Nachbarinnen. In diesem Viertel wohnen viele Leute, und Sie kennen natürlich nicht jeden.

Sie erinnern sich dunkel, irgendwelche Schreie gehört zu haben, aber in diesem Viertel ist es immer ziemlich laut. Und außerdem, warum hätten ausgerechnet Sie irgendetwas unternehmen sollen? Sie sind ja schließlich nicht der Einzige, der hier wohnt. Was haben denn die anderen gemacht? Haben die geholfen? Natürlich ist es traurig, dass sie umgekommen ist, aber wieso sollten Sie dafür verantwortlich sein? Und die anderen?

*

Catherine Susan Genovese war 29 Jahre alt, brünett und lebte in Kew Gardens in Queens, einem der fünf Stadtbezirke von New York.

Am 13. März 1964, gegen 3 Uhr morgens, befand sie sich auf dem Weg nach Hause, als sie plötzlich von einem Mann namens Winston Moseley angesprochen wurde. Er fragte sie, wie spät es sei und folgte ihr dann. Sie beschleunigte ihre Schritte, er folgte ihr weiter. Sie schrie. Einmal. Er stach mit einem Messer auf sie ein. Sie wehrte sich und schrie erneut. Er bekam es mit der Angst zu tun und lief zu seinem Wagen zurück.

3 Uhr 15. Es war noch dunkel in dieser kalten Nacht im März. Die Vorhänge an den Fenstern der umstehenden Häuser zugezogen. Hier und da ging das Licht an. Alles war ruhig.

Winston Moseley machte kehrt und überfiel Catherine Genovese ein zweites Mal. Er schlug auf sie ein und stach mehrmals zu, als sie versuchte, mit letzter Kraft ihre Wohnung zu erreichen. Sie schrie, wieder und immer wieder. Er vergewaltigte sie.

Das Leiden von Catherine Genovese dauerte über eine halbe Stunde. Um 3 Uhr 50 rief jemand die Polizei. Vor Ort fanden die Polizisten die durch circa 20 Messerstiche verletzte Frau. Sie verstarb auf dem Weg ins Krankenhaus.

Einige Tage später berichtete die *New York Times* über die Einzelheiten des Vorfalls. 38 Personen wurden beschuldigt, untätig zugesehen zu haben.

Es wurde eine offizielle Untersuchung eingeleitet. Winston Moseley wurde verhaftet und verurteilt. Er sitzt noch heute ein und verbüßt seine Strafe in einem Gefängnis im Staat New York.

*

Dieser traurige Vorfall veranlasste die beiden amerikanischen Sozialpsychologen John M. Darley und Bibb Latané, sich eingehender mit dem Geschehen zu befassen.

Darley, Jahrgang 1938, unterrichtete das Fach Sozialpsychologie an der renommierten Princeton-Universität. Bibb Latané, geboren 1937, leitet heute das Zentrum für Humanwissenschaften von Chapel Hill, davor lehrte er an verschiedenen Universitäten.

Die beiden Wissenschaftler vertraten die Ansicht, dass wir Menschen uns in einem Zustand der Unsicherheit an den anderen orientieren. Sind wir unsicher oder befinden wir uns in einer nicht eindeutigen Situation, neigen wir dazu, unser eigenes Verhalten am

Handeln der anderen auszurichten. Dieses Verhalten führt zu dem Phänomen der kollektiven oder pluralistischen Ignoranz. Nach dem Mord an Catherine Genovese untersuchten Latané und Darley unklare Situationen, in denen Menschen sich nach den anderen richten und deshalb nicht eingreifen. Herrscht allgemeine Gleichgültigkeit, so schließt der Einzelne offenbar daraus, dass alles in Ordnung ist. Ihre Hypothese lautete, dass dabei möglicherweise eine Gefahr verkannt wird, bei der der Einzelne allein eingeschritten wäre.

*

Genauer gesagt, vermuteten Latané und Darley, dass einem Menschen in einer Gefahrensituation eher geholfen wird, wenn eine einzelne Person das Geschehen beobachtet und nicht mehrere. Um diese Hypothese zu bestätigen, führten die beiden amerikanischen Forscher eine Reihe von Untersuchungen durch.

In einem ersten Experiment wurden Studenten zu einem angeblichen Vorstellungsgespräch eingeladen. Gleich nach ihrem Eintreffen führte man sie in einen Warteraum und bat sie, sich noch ein wenig zu gedulden und schon einmal einen Fragebogen zu ihren Gründen für die Bewerbung und zu ihrem Persönlichkeitsprofil auszufüllen. Einige Minuten später, noch während sie mit dem Ausfüllen des Fragebogens beschäftigt waren, quoll aus einer Lüftungsklappe dichter, schwarzer Rauch hervor.

Sie haben schon verstanden, dieser Rauch gehörte zu dem Experiment und trat zu einem zuvor von den Forschern genau festgelegten Zeitpunkt aus. Sie wollten beobachten, wie sich die Studenten im Wartezimmer verhielten.

Diese Situation wurde unter drei verschiedenen Bedingungen wiederholt: 1) Der Student befand sich allein im Raum; 2) im Raum saßen drei Studenten, und 3) außer dem Studenten waren noch zwei Mitarbeiter von Latané und Darley anwesend, die angewiesen worden waren, untätig zu bleiben. Die Resultate fielen eindeutig aus und bestätigten die Hypothese der beiden Forscher: Befanden sich die Studenten allein in dem Raum, intervenierten 75 Prozent von ihnen und suchten im Gang oder in den benachbarten Büros nach Hilfe; zu dritt wurden sie noch in 38 Prozent aller Fälle aktiv, doch in Gegenwart der beiden passiven Mitarbeiter (der eingeweihten Helfer) reagierten nur noch 10 Prozent der Versuchspersonen!

*

Im folgenden Experiment ging es darum, wie sich Menschen verhalten, wenn sie sich direkt betroffen fühlen. Was passiert, wenn es darum geht, einem anderen zu helfen, ihm Erste Hilfe zu leisten? Dazu führten Darley und Latané einen weiteren Versuch durch. Ihre Hypothese lautete, dass die Zahl der Anwesenden (in einem Raum oder an einem bestimmten Ort) das Ausmaß der geleisteten Hilfe mindern oder sie verzögern kann, da jeder Einzelne unsicher ist und erst einmal schaut, was die anderen tun. Die Verantwortung wird also verteilt: Je mehr Personen anwesend sind, umso weniger fühlen wir uns selbst verantwortlich.

In diesem neuen Experiment wurden Studenten in eine Situation gebracht, in der sie über eine Sprechanlage hörten, wie eine andere Person einen epileptischen Anfall erlitt.

Auch dieses Mal nahmen die Versuchspersonen vermeintlich an einer Studie über Teamarbeit teil. Jeder Student wurde allein in eine kleine Kabine gesetzt und konnte mit den anderen nur über eine Sprechanlage kommunizieren.

Diese Versuchsanordnung ermöglichte es, die Zahl der angeblich am Experiment beteiligten Personen zu variieren. Die naive Versuchsperson sollte über die Sprechanlage mit einer, zwei oder fünf anderen Personen diskutieren, die alle in voneinander getrennten Räumen saßen. Zu einem bestimmten Zeitpunkt der Diskussion simulierte einer der Gesprächsteilnehmer, ein Helfer des Versuchsleiters, einen epileptischen Anfall.

Darley und Latané interessierten sich dafür, wie die Versuchsperson reagierte, wenn sie den Anfall hörte. Wohlgemerkt, nicht nur das angebliche Opfer, sondern auch die anderen Teilnehmer an der Diskussion waren fiktiv. Allein die naive Versuchsperson hörte den Anfall tatsächlich.

Es zeigte sich, dass die Versuchspersonen umso seltener intervenierten, je mehr andere Zeugen für das Geschehen ihrer Meinung nach vorhanden waren. Denn glaubten die Probanden, sie allein seien Zeugen des Anfalls geworden, so schritten sie in 85 Prozent aller Fälle ein; meinten sie, es gäbe noch einen weiteren Zeugen, wurden sie noch in 62 Prozent der Fälle aktiv. Nahmen die Teilnehmer jedoch an, vier weitere Personen außer ihnen hätten den Anfall miterlebt, so sank die Rate der zu Hilfe Eilenden auf 31 Prozent.

Allein die Annahme, dass noch eine weitere Person den Anfall miterlebte, reduzierte die Wahrscheinlichkeit ganz erheblich, dass die Versuchspersonen sich entschlossen, dem Opfer zu Hilfe zu kommen. Nach dieser ersten Untersuchung konnten nicht nur Latané und Darley, sondern auch andere diese Wirkung in zahlreichen unterschiedlichen Kontexten reproduzieren. Sie alle gelangten zu dem einhelligen Schluss, dass mit steigender Zahl der Zeugen die Wahrscheinlichkeit sinkt, dass jeder einzelne dieser Zeugen Hilfe bei einem Notfall leistet. Dieses Phänomen ist unter der Bezeichnung „Zuschauereffekt" oder „Bystander effect" bekannt geworden.

*

Damit ein Mensch beschließt, aktiv einzugreifen und einem anderen in einer Notfallsituation zu Hilfe zu eilen, muss er sich nach Ansicht von Latané und Darley der Lage bewusst sein und sie als einen konkreten Notfall erkennen. Er muss glauben, sein Eingreifen sei in dem Fall das Beste, was er tun könne, um zu helfen.

Hab' die Nase voll von dem Lärm im Stadtzentrum! Im Park ... da schläft es sich bestimmt besser!...

Diese einzelnen Schritte können nun allerdings durch die Anwesenheit anderer beeinträchtigt werden. Die endgültige Entscheidung des Einzelnen, zu helfen oder nicht, hängt Latané und Darley zufolge von drei Dingen ab: 1) vom sozialen Einfluss (vom Einfluss der anderen auf die eigene Handlungsweise (siehe hierzu die Kapitel über Normenbildung, Konformismus und Unterordnung); 2) von der Einschätzung der Situation und 3) von der Verteilung der Verantwortung.

*

Wir wollen dieses Kapitel nun aber nicht ganz so pessimistisch ausklingen lassen und weisen deshalb darauf hin, dass es manche Faktoren gibt, die diesem Zuschauereffekt entgegenwirken und Zeugen zum Eingreifen bewegen können.

Der Zuschauereffekt und die damit verbundene Teilnahmslosigkeit stellen sich nämlich beispielsweise nicht ein, wenn sich die Zeugen eines Geschehens durch die Folgen der Situation oder

durch das erforderliche Handeln an sich ganz besonders betroffen fühlen.

Cramer und einige seiner Mitarbeiter führten folgendes Experiment durch: Eine Studentin (in Wirklichkeit eine Versuchshelferin) verletzte sich beim Sturz von einer Bibliotheksleiter. In diesem Experiment ging es um die Frage, welcher Fachrichtung die „zuschauenden" Studenten angehörten.

Die Zeugen blieben alle passiv, bis auf folgende Ausnahme: Handelte es sich um angehende Krankenpflegerinnen, so eilten diese zu Hilfe, und das sowohl allein als auch zu mehreren. Die Tatsache, dass ihre Ausbildung sie befähigte, anderen Erste Hilfe zu leisten, verhinderte offenbar die Verteilung (oder Abschiebung) der Verantwortung, und deshalb kümmerten sie sich um die verletzte Studentin.

Vor einigen Jahren haben sich mehrere Wissenschaftler noch einmal mit den Akten zu dem Mord an Catherine Genovese befasst. Es stellte sich heraus, dass letztendlich nur sechs der 38 Zeugen den Vorfall wirklich gesehen hatten, die übrigen hatten lediglich die Schreie gehört. Von diesen sechs Personen hatten außerdem nur drei ausgesagt, sie hätten Catherine Genovese zusammen mit

krächz !

krächz !

krächz !

Achtung,
hier bin ich!...

Winston Moseley auf der Straße gesehen, aber keine von ihnen war direkt Zeuge des Übergriffs geworden. Eine der Zeuginnen hatte vom Fenster aus gerufen (was erklärt, warum der Täter zunächst zu seinem Wagen zurücklief, bevor er dann wieder umkehrte), und eine andere hatte die Polizei alarmiert. Die direkten Zeugen hatten also reagiert.

Das stellt zwar nicht in Frage, dass es das von Latané und Darley als „Zuschauereffekt" bezeichnete Phänomen tatsächlich gibt, aber es bestätigt auch die seitdem veröffentlichten Ergebnisse, wonach Menschen einschreiten und sich nicht der Verantwortung entziehen, wenn sie eine Notfallsituation ganz unmittelbar miterleben.

10

Lasst mich hier raus!
Das Stanford-Gefängnis-Experiment

1971. Palo Alto (Kalifornien).

14. August. Laut Wetterbericht im Radio sollte es ein sonniger Tag werden. Eigentlich hatte ich gar keine Lust aufzustehen. Ich fragte mich, wie ich den Tag verbringen könnte – und jetzt bin ich hier.

Ich habe nicht alles verstanden. Die Sirene des Polizeiautos draußen auf der Straße habe ich schon gehört, aber sie nicht mit dem Klopfen an der Tür in Verbindung gebracht. „Polizei! Polizei, machen Sie auf!"

Da stand ich plötzlich da, in Unterhosen und Handschellen. Meine Mutter forderte eine Erklärung. Die Polizisten haben mir meine Rechte vorgelesen und mich in den Wagen bugsiert.

Mit laut heulender Sirene ging es durch die ganze Stadt bis zum Gefängnis. Dort haben sie mich fotografiert und meine Fingerabdrücke genommen. Ich musste mich ausziehen. Sogar desinfiziert haben sie mich! Ich bekam eine Erkennungsnummer und musste Gefängniskleidung anziehen. Jetzt sitze ich hier in dieser Zelle und warte.

Was haben Sie bloß verbrochen, um so eine Behandlung zu verdienen? Worum geht es? Träumen Sie vielleicht? Nein, Sie haben sich freiwillig bereit erklärt, an einem sozialpsychologischen Experiment teilzunehmen!

*

Es ist höchst unwahrscheinlich, dass Sie ein Experte für Gefängnisse sind und alle Haftanstalten der Welt kennen. Allerdings dürften Sie durchaus in der Lage sein zu antworten, wenn Robert Lembke Sie fragte: „Was bin ich?"

Ich bin eine Haftanstalt. Im Jahr 2004 stand ich im Mittelpunkt der allgemeinen Aufmerksamkeit. Den Betrieb aufgenommen habe ich in den sechziger Jahren des vergangenen Jahrhunderts. Ich liege 32 Kilometer westlich vom Stadtzentrum Bagdads. Ich bin ein irakisches Gefängnis … Ich bin … ich bin…

Das Gefängnis Abu Ghuraib. Sie haben sicherlich keine genaue Vorstellung davon, wo dieses Gefängnis liegt, noch weniger davon, aus wie vielen Gebäuden es besteht und wie diese aussehen. Doch selbst wenn Sie keinerlei Bilder von dem Gefängniskomplex vor Augen haben, so kennen Sie doch die Fotos, die aus dieser Haftanstalt an die Öffentlichkeit gelangt sind.

Erinnern Sie sich. Es war im Jahr 2004. Am 28. April 2004, um genau zu sein. An diesem Tag veröffentlichte die amerikanische Presse Fotos von irakischen Häftlingen, die von amerikanischen Soldaten, darunter auch Soldatinnen, misshandelt und gedemütigt wurden. Auf diesen Bildern waren junge, lachende amerikanische GIs zu sehen, die neben erniedrigten, mit Elektrokabeln gefesselten Häftlingen posierten, denen sie Plastiktüten über den Kopf gezogen hatten. Auf einem der Fotos sah man eine Soldatin, deren Name und Dienstgrad bekannt wurden, die einen auf dem Boden liegenden Gefangenen wie einen Hund an der Leine hielt. Der Mann war nackt und trug ein Halsband.

General Mark Kimmitt, der stellvertretende Befehlshaber der Militäroperationen im Irak, gab aus Bagdad bekannt, dass sechs amerikanische GIs verhört worden waren. Einem offiziellen Bericht zufolge war es in der Zeit von Oktober bis Dezember 2003 in diesem Gefängnis zu „ kriminellen, zügellosen, offenkundigen und sadistischen Gewalttaten" gekommen.

Wie lässt sich ein solches Verhalten erklären? Warum und wie konnte es geschehen, dass Soldaten sich zu solchen Taten hinreißen ließen?

*

Der amerikanische Sozialpsychologe Philip Zimbardo wurde 1933 in New York geboren. Seine Familie war aus Sizilien eingewandert, und er wuchs in der Bronx auf, einem Armenviertel. Das Leben dort hat ihn stark geprägt. Übrigens, Stanley Milgram, dem wir in Kapitel 7 begegnet sind, und Philip Zimbardo besuchten 1954 dieselbe Klasse der James Monroe Highschool. Zimbardo promovierte an der Yale-Universität und lehrte von 1968 bis zu seiner Emeritierung im Jahr 2003 als Professor für Sozialpsychologie an der Stanford-Universität.

Ende der 1960er Jahre wandten sich die US Navy und das US Marine Corps an Zimbardo. Sie wollten, dass er die Ursachen für die Konflikte in ihren Gefängnissen untersuchte. Zusammen mit Craig Haney, Curt Banks, David Jaffe und anderen wollte Philip Zimbardo die Hypothese überprüfen, dass Gefängniswärter und Gefangene sich entsprechend ihrer jeweiligen Rolle verhalten und dass dies der Grund dafür ist, dass sich die Haftbedingungen und das Verhältnis dieser beiden Gruppen zueinander unweigerlich verschlechtern müssen.

*

Man schrieb das Jahr 1971. Zimbardo und sein Team richteten im Keller des Psychologischen Seminars der Stanford-Universität in Palo Alto ein „fingiertes Gefängnis" ein. Mit seinen drei nur sechs Quadratmeter kleinen Zellen (mit Gittern vor den Fenstern), in denen jeweils drei Häftlinge untergebracht werden sollten, fiel das Ergebnis sehr realistisch aus.

Zuvor war in den Zeitungen der Stadt Palo Alto eine Kleinanzeige aufgegeben worden. Man suchte Studenten für eine Studie über das Leben im Gefängnis. Das Experiment sollte ein bis zwei Wochen dauern und die Teilnahme daran würde mit 15 Dollar pro Tag vergütet. Als Beginn war der 14. August vorgesehen.

Es meldeten sich 75 Freiwillige, die sich einem Persönlichkeitstest unterziehen mussten. Schließlich wurden 24 von ihnen ausgewählt und nach dem Zufallsprinzip zwei Gruppen zugeordnet: Die eine Hälfte sollte die Rolle der Gefangenen übernehmen, die andere die der Wärter. Letztendlich sollten neun „Häftlinge" und neun „Wärter" an dem Experiment teilnehmen, die übrigen sechs Studenten waren als Ersatz gedacht und mussten sich jederzeit zur Verfügung halten.

*

Der Versuch sollte am Tag darauf beginnen. Um das Experiment noch realistischer zu gestalten, wurden die Studenten, die die „Gefangenen" spielen sollten, von der örtlichen Polizei zu Hause verhaftet und auf die städtische Polizeiwache gebracht. Sie wur-

den fotografiert, man nahm ihre Fingerabdrücke ab, und gegen Abend wurde jeder der Verdächtigen mit verbundenen Augen in das „Stanford-Gefängnis" überführt.

Hier wurde jeder zunächst durchsucht, musste danach duschen und erhielt schließlich Häftlingskleidung. Die Wärter hatten keine besonderen Anweisungen erhalten, sie sollten lediglich dafür sorgen, dass Ordnung herrschte und der Gefängnisbetrieb reibungslos ablief. Es gab nur eine einzige Regel, die strikt zu befolgen war, und die lautete: Es darf auf gar keinen Fall physische Gewalt angewandt werden. Ausgestattet wurden die Wärter mit Uniform, Trillerpfeife und Sonnenbrille.

Nach ihrer Einlieferung wurden die Häftlinge von den Wärtern zusammengerufen und bekamen die 16 Grundregeln des Gefängnisses vorgelesen. Die letzte dieser Regeln fasste alle vorigen noch einmal zusammen: „Jeder Verstoß gegen irgendeine dieser Regeln zieht eine Strafe nach sich."

1. Tag

Mitten in der Nacht wurden die Gefangenen geweckt und zum Appell gerufen, um zu überprüfen, ob wirklich alle da waren und die 16 Grundregeln verstanden hatten. Allmählich schlüpfte jeder in seine Rolle und nahm die der anderen bewusst wahr. Der Tag verlief eher ruhig und alle verhielten sich „brav".

2. Tag

Es zeigten sich die ersten Spannungen. Einige der Häftlinge protestierten gegen das, wie sie fanden, autoritäre Verhalten der Wärter und begehrten dagegen auf, indem sie die auf ihre Anstaltskleidung genähte Erkennungsnummer abrissen und sich in ihren Zellen verbarrikadierten.

Die Wärter reagierten streng. Die Betten wurden aus den Zellen entfernt, die Häftlinge mussten sich ausziehen und die Einschüchterungen begannen: Der mutmaßliche Rädelsführer wurde sofort von den anderen getrennt, und die drei Häftlinge, die sich nicht an der Revolte beteiligt hatten, erhielten „Privilegien". Sie durften sich waschen, die Zähne putzen und vor den Augen der anderen, die mit Essensentzug bestraft worden waren, etwas essen.

Am Abend kamen alle Häftlinge wieder zusammen. Der Zusammenhalt, der sich am Vorabend unter den Häftlingen abgezeichnet hatte, war zerbrochen. Die drei „Privilegierten" galten bei den anderen als „Informanten".

3. Tag

Es war erst der dritte Tag eines ursprünglich auf zwei Wochen angelegten Versuchs, aber die Dinge überstürzten sich.

Im Gefängnis kursierte das Gerücht, es sei ein kollektiver Ausbruchsversuch geplant. Daraufhin trafen der Gefängnisdirektor und das Wachpersonal unverzüglich Vorsorgemaßnahmen und griffen zu Zwangsvorkehrungen: Das Recht, auf die Toilette zu gehen, wurde beispielsweise zum Privileg erklärt.

Einer der Gefangenen zeigte ernsthafte Anzeichen für eine emotionale Verwirrung und brach zusammen. Zimbardo beschloss, ihn gehen zu lassen und aus dem Versuch herauszunehmen.

4. und 5. Tag

Zwei weitere Häftlinge wiesen schwere Symptome emotionaler Störungen auf (Schreien, Weinen, geistige Verwirrung), und einer von ihnen litt zudem unter psychosomatischen Beschwerden.

Die Wärter indes setzten ihre „Arbeit" fort: Die Gefangenen wurden zu körperlicher Ertüchtigung gezwungen. Sie mussten ihre Zelle oder die Toiletten säubern …

6. Tag

Christina Maslach brach in Tränen aus und schrie: „Das ist ja grauenhaft, was ihr mit diesen jungen Leuten anstellt!"

Christina Maslach stand kurz vor dem Abschluss ihrer Doktorarbeit und hatte die Aufgabe, die Versuchsteilnehmer zu interviewen. Zimbardo und sein Team hatten sich genau wie die Gefangenen und ihre Wärter ganz auf das Spiel eingelassen. Keiner von ihnen nahm noch real wahr, was da eigentlich geschah.

Erst durch Christina Maslachs Blick von außen wurde Zimbardo bewusst, dass das Experiment zu weit gegangen war. Unverzüglich ordnete er den Abbruch an.

Offensichtlich hat Zimbardo übrigens Christina Maslach ihre Reaktion nicht allzu übel genommen, denn ein Jahr später heirateten die beiden.

*

Der Versuch sollte also eigentlich zwei Wochen dauern, wurde aber bereits nach sechs Tagen abgebrochen, weil die Situation zu entgleiten drohte. Die Wärter missbrauchten ihre Macht und erwiesen sich als immer aggressiver (sowohl verbal als auch physisch). Die Studenten in der Rolle der Häftlinge wurden immer passiver, ihre Stimmung negativer, sie zeigten sich zunehmend depressiv und feindselig.

Aus diesem Experiment wird deutlich, wie die soziale Rolle den Einzelnen beeinflusst. Zimbardo zufolge versteht man nach diesem Versuch besser, warum sich Menschen in Machtpositionen manchmal unmenschlich verhalten, und wie der „gesellschaftliche und institutionelle Druck dazu führen kann, dass eigentlich gute Menschen ganz erschreckende Dinge tun".

*

Im Jahr 2002 wiederholte der britische Forscher Alex Haslam dieses berühmt gewordene Experiment. Die Wiederholung war jedoch heftig umstritten, denn sie erfolgte in Zusammenarbeit mit dem Fernsehsender BBC, der das Ganze auch ausstrahlte. *The*

Experiment – so lautete der Titel der Sendung – war Gegenstand der Kritik von manchen Sozialpsychologen, aber auch von Journalisten. Im *Guardian* z.B. hinterfragte John Crace diese neue Form der Realityshow: „Ist das noch seriöse Wissenschaft?" Über

die Lehren, die aus diesem Experiment zu ziehen seien, wurden zahlreiche Artikel verfasst, und manche Zeitschriften gaben zu dem Thema sogar Sondernummern heraus.

Auch in diesem Experiment zeigte sich wieder die schwerwiegende Auswirkung der Depersonalisierung und der Deindividualisierung. Den Versuchspersonen im Experiment von Zimbardo war kein Vorwurf zu machen, denn sie hatten zuvor zahlreiche Tests durchlaufen und ihre Rolle war ihnen nach dem Zufallsprinzip zugeordnet worden. Folglich war die Situation, d.h. die Gefängnisumgebung, verantwortlich für das Verhalten der Versuchsteilnehmer.

Auf die Frage, wie sie sich spontan das Verhalten und Handeln der Wärter erklären würden, führen die meisten Befragten Faktoren an, die mit der Persönlichkeit der Studenten zu tun haben, die in die Rolle der Wärter geschlüpft waren. Der Persönlichkeit des Täters wird im Gegensatz zu den Umständen und der Situation unverhältnismäßig viel Gewicht beigemessen.

Studenten mit psychischen Problemen oder als zu sensibel erachtete Personen waren jedoch für das Experiment von vornherein nicht in Frage gekommen, und das Los, also der Zufall, hatte entschieden, wem die Rolle des Wärters und wem die des Häftlings zufiel. Folglich ließ sich das Verhalten der Wärter bzw. der Häftlinge nicht mit deren Persönlichkeit erklären, sondern einzig und allein durch die Situation und die Stellung der Einzelnen in der sozialen Rangordnung.

Genau wie in Milgrams Experiment zur Unterordnung unter eine Autorität zeigte sich wieder, wie stark der Einzelne durch die jeweilige Situation beeinflusst wird. Schon zu Beginn der 1950er Jahre hatte Kurt Lewin die so genannten Personalisten und Situationalisten einander gegenübergestellt und die Bedeutung der Situation für die wissenschaftliche Erklärung von menschlichem Verhalten hervorgehoben. Die Menschen neigen nämlich dazu, das Verhalten anderer auf deren Persönlichkeit zurückzuführen und vergessen dabei, welchen Einfluss die jeweilige Situation, der Kontext und die Umgebung ausüben.

*

Schon 1952 haben drei amerikanische Wissenschaftler, Festinger, Pepitone und Newcomb, den Begriff der Deindividualisierung geprägt. Damit meinten sie die Bedingungen, die dazu beitragen, die Individualität eines Menschen zu verschleiern und ihn zu einem anonymen Wesen zu machen. Die Person verliert für eine gewisse Zeit ihre „Individualität".

Dieses Phänomen verdeutlichte Zimbardo bereits vor seinem berühmt gewordenen Stanford-Experiment in einem mit Studenten durchgeführten Laborversuch.

Hierbei wurden zwei Gruppen gebildet. Die Versuchspersonen der ersten Gruppe trugen alle die gleichen Kutten, so dass es unmöglich war, die einzelnen Personen zu erkennen. Die Teilnehmer der zweiten Gruppe trugen einen Anstecker mit ihrem Namen.

Im Verlauf dieses Versuchs sollten die Probanden einem anderen Teilnehmer im Rahmen einer Lernaufgabe Elektroschocks versetzen (erinnern Sie sich noch, dass Milgram und Zimbaro in ihrer Jugend Klassenkameraden waren?). Das Opfer war ganz eindeutig immer ein Kommilitone.

Obwohl die Studenten weder durch individuelle Merkmale noch durch ihre Persönlichkeit zu unterscheiden waren, und obwohl die Zuordnung zu den beiden Gruppen nach dem Zufallsprinzip erfolgt war, teilten die Teilnehmer der ersten Gruppe – der anonymen – doppelt so viele Stromschläge aus wie die der zweiten!

Im Jahr 2003 kam der deutsche Film „*Das Experiment*" von Regisseur Oliver Hirschbiegel in die Kinos. Er beruht auf dem Roman „*Das Experiment: Black Box*" vom Mario Giordano und erzählt die Geschichte von etwa zwanzig Personen, die an einem psychologischen Versuch teilnehmen, bei dem einige die Rolle von Wärtern und andere die von Häftlingen übernehmen sollen. Das Experiment läuft aus dem Ruder ... Ganz in ihrer Rolle gefangen, werden mehrere „Wärter" zu Mördern. Der Anfang des Films, der sich frei an das Experiment von Zimbardo anlehnt, zeigt sehr eindrucksvoll, in welch schwieriger Lage sich die Studenten, die die Häftlinge verkörperten, in den ersten Tagen befanden.

Zimbardos Experiment hat etliche Film- und Fernsehregisseure inspiriert. In einer Folge der TV-Serie *CSI: Miami* mit dem Titel „Der Tote am Baum" (A Horrible Mind) wurde der berühmt gewordene Versuch thematisiert und erläutert, und *Veronica Mars* wird in der gleichnamigen Serie ebenfalls mit diesem Experiment konfrontiert (in der Episode „Rollenspiel"). Das Stanford-Experiment lieferte auch dem einen oder anderen Romanautor den Stoff für seine Geschichte, so regte es etwa die belgische Autorin Amélie Nothomb zu ihrem Roman *Acide sulfurique* (auf Deutsch: Realityshow) an.

klick!

11

Und wer ist mein Nächster?
Das Gleichnis vom barmherzigen Samariter

1973. Presbyterianische Kirche, Princeton (New Jersey).

10 Minuten? Also ehrlich, ich weiß nicht, ob ich das schaffe.

Es stimmt schon, ich habe mich bereit erklärt, an dieser Studie teilzunehmen, aber dass ich mich dabei auch noch sportlich betätigen muss, hätte ich wirklich nicht gedacht. Schließlich studiere ich Theologie und nicht Sport!

Na gut. Ursprünglich sollten wir uns in Raum 308 einfinden, und jetzt sagt man mir, ich müsste mich ans andere Ende des Campus begeben, um dort an einer Radiosendung teilzunehmen. Und dafür bleiben mir nicht einmal mehr 10 Minuten, denn die Sendung fängt gleich an.

Ich beeile mich, aber ich weiß nicht, ob ich es rechtzeitig schaffe. Unter normalen Umständen sollte die Zeit gerade so reichen, und es dürfte eigentlich kein Problem für mich darstellen. Das hat mir jedenfalls der Versuchsleiter mehrmals bestätigt.

„Hallo, Sie da! Hallo!"

Ich weiß schon, dass ich eigentlich nicht stehen bleiben dürfte, aber diesem Mann dort scheint es wirklich nicht gut zu gehen.

„Hallo, hören Sie mich? Brauchen Sie Hilfe? Soll ich jemanden rufen?"

Ich werde zu spät kommen, aber ich kann ihn hier doch nicht allein lassen. Was macht es denn schon, wenn ich mich etwas verspäte?

*

In der Sozialpsychologie hat man sich paradoxerweise mit dem Phänomen der Hilfsbereitschaft beschäftigt, um eine Erklärung dafür zu finden, warum es unter manchen Umständen an Altruismus mangelt. Denken Sie nur einmal an den Fall von Catherine Genovese, den wir in Kapitel 9 geschildert haben, und an die Forschungsarbeiten von Darley und Latané.

Unter altruistischem Verhalten verstehen wir Handlungen, bei denen wir einem anderen Hilfe leisten, ohne dafür eine Gegenleistung zu erwarten. Leonard Berkowitz zufolge gehören drei Dinge zum Altruismus: 1) die Freiwilligkeit der erbrachten

Handlung; 2) die Absicht, mit dieser Handlung einem anderen, sei es eine Einzelperson oder eine Gruppe, zu nützen, und 3) die Uneigennützigkeit des Handelns, für das keine Gegenleistung erwartet wird.

Hilfsbereitschaft wird ungefähr gleichermaßen definiert, es gibt allerdings einen Unterschied: Es könnte sein, dass der Hilfe Leistende für sein Tun eine Belohnung oder Lob erwartet.

Letztendlich stellt sich die Frage, ob es wahren Altruismus überhaupt gibt. Vielleicht ist der Mensch ja von Grund auf egoistisch, und in diesem Fall würde er möglicherweise nur deshalb einem anderen Hilfe leisten, weil er sich dafür ein Lob oder eine Bestätigung erhofft. Oder ist er tatsächlich zu altruistischem, absolut selbstlosem Handeln fähig?

Die egoistische Hilfsbereitschaft kann nämlich viele Formen annehmen: Man hilft, um dafür materiell belohnt zu werden (Geld, Ruhm usw.) oder wegen der psychologischen Belohnung (positive Selbstachtung, positive Gefühle usw.). Nach Ansicht mancher Wissenschaftler helfen wir demnach niemals nur um des Helfens willen.

Lassen Sie uns einen kurzen Abstecher in die Bibel machen, genauer gesagt zu Kapitel 10 des Lukas-Evangeliums. Dort ist zu lesen:

> Darauf antwortete ihm Jesus: Ein Mann ging von Jerusalem nach Jericho hinab und wurde von Räubern überfallen. Sie plünderten ihn aus und schlugen ihn nieder; dann gingen sie weg und ließen ihn halb tot liegen.
>
> Zufällig kam ein Priester denselben Weg herab; er sah ihn und ging weiter.
>
> Auch ein Levit kam zu der Stelle; er sah ihn und ging weiter.
>
> Dann kam ein Mann aus Samarien, der auf der Reise war. Als er ihn sah, hatte er Mitleid,
>
> ging zu ihm hin, goss Öl und Wein auf seine Wunden und verband sie. Dann hob er ihn auf sein Reittier, brachte ihn zu einer Herberge und sorgte für ihn.

Am andern Morgen holte er zwei Denare hervor, gab sie dem Wirt und sagte: Sorge für ihn, und wenn du mehr für ihn brauchst, werde ich es dir bezahlen, wenn ich wiederkomme.

Was meinst du: Wer von diesen dreien hat sich als der Nächste dessen erwiesen, der von den Räubern überfallen wurde?

Der Gesetzeslehrer antwortete: Der, der barmherzig an ihm gehandelt hat. Da sagte Jesus zu ihm: Dann geh und handle genauso!

Das ist das Gleichnis vom „barmherzigen Samariter". Zuvor hatte Jesus gesagt: *Du sollst den Herrn, deinen Gott, lieben mit ganzem Herzen und ganzer Seele, mit all deiner Kraft und all deinen Gedanken, und: Deinen Nächsten sollst du lieben wie dich selbst.* Mit diesem Gleichnis antwortete er auf die Frage eines Gesetzeslehrers: *Und wer ist denn mein Nächster?*

*

Dieses Gleichnis nahmen zwei amerikanische Forscher als Ausgangspunkt für eine Studie, die sie zu Beginn der 1970er Jahre durchführten. Damals betreute John Darley, der zusammen mit Bibb Latané den Fall Catherine Genovese untersucht hatte, die Doktorarbeit in Psychologie von Daniel Batson an der Princeton-Universität. Daniel Batson arbeitete gleichzeitig auch noch an einer Dissertation in Theologie. Diese Arbeiten in zwei parallelen Fächern veranlassten die beiden Forscher zu der Frage, welche Faktoren uns zu altruistischem Handeln oder zu Hilfsbereitschaft veranlassen. Natürlich kommt es nur dazu, wenn die Situation es erfordert. Andernfalls nehmen wir gar nicht wahr, dass ein anderer Mensch Hilfe benötigt.

Darley und Batson führten deshalb eine Untersuchung mit Theologiestudenten durch, um ihre Hypothese zu überprüfen. Die Studenten wurden gebeten, an einer Radiosendung teilzunehmen, in der es um ihr Verständnis von Altruismus ging. Am ursprünglich vereinbarten Treffpunkt teilte der Versuchsleiter ih-

nen dann aber mit, dass die Sendung leider in einem Studio auf der entgegengesetzten Seite des Campus aufgezeichnet werden müsse. Aus technischen Gründen habe man kurzfristig umdisponieren müssen. Danach wurden die Studenten willkürlich in drei zuvor festgelegte Gruppen eingeteilt. Den Studenten der ersten Gruppe wurde gesagt, sie hätten ausreichend Zeit, um ins Studio zu gehen; denen der zweiten Gruppe teilte man mit, die Zeit für den Weg reiche gerade noch, und die Teilnehmer der dritten Gruppe erfuhren, dass sie bereits zu spät dran wären und sich beeilen müssten.

Unterwegs trafen die Studenten auf einen Mitarbeiter des Versuchsleiters, der ihnen Theater vorspielte (er hockte jammernd an einer Straßenecke und gab vor, es gehe ihm sehr schlecht). Es handelte sich also um eine Nachstellung der Situation im Gleichnis vom barmherzigen Samariter. 63 Prozent der Studenten aus der ersten Gruppe blieben stehen, doch nur 10 Prozent von jenen, denen man gesagt hatte, sie seien schon zu spät dran,

schenkten dem Mann Aufmerksamkeit und unterbrachen ihren Weg. Von der zweiten Gruppe, in der die Studenten meinten, die Zeit für den Weg ins Studio sei zwar knapp bemessen, reiche aber aus, blieb fast jeder zweite stehen, nämlich 45 Prozent. Was schließen wir daraus? Wir sind hilfsbereit, aber nur, wenn es unsere Zeit erlaubt!

*

Auch Normen können Hilfsbereitschaft fördern: Sehen wir, dass ein anderer hilft, sind auch wir bereit, Hilfe zu leisten. Umgekehrt kann die Norm aber leider auch ein Hindernis für unsere Hilfsbereitschaft darstellen. Shotland und Straw konnten zeigen, dass 65 Prozent der Personen, die beobachteten, dass ein Mann gegenüber einer Frau gewalttätig wurde, helfend einschritten, wenn sich diese beiden Personen offensichtlich nicht kannten. Handelte es sich dagegen um ein streitendes Paar, intervenierten nur noch 19 Prozent! Und manchmal gibt es Fälle, in denen die Norm unklar ist: Soll man handeln oder nicht? Darley und Latané konnten bekanntlich aufzeigen, dass die Anzahl der Anwesenden die Hilfsbereitschaft verringern oder verzögern kann, weil jeder Einzelne unsicher ist und erst einmal schaut, was die anderen tun. Die Verantwortung wird aufgeteilt: Je mehr Personen Zeugen eines Geschehens werden, umso weniger fühlen wir uns persönlich verantwortlich.

*

Die Situation spielt zweifellos eine sehr wichtige Rolle, doch die seelische Verfassung der Hilfe leistenden Person darf auch nicht unterschätzt werden. Menschen helfen beispielsweise häufiger, wenn zwischen dem Unglück eines anderen und ihrer persönlichen affektiven Verfassung eine gewisse Verbindung besteht. In einem wissenschaftlichen Versuch wurden Studenten dazu gebracht zu lügen und zu betrügen, und danach zeigte sich, dass die Probanden, die nun unter einem schlechten Gewissen litten, eher bereit waren, anderen zu helfen, wenn sich die Gelegenheit dazu bot. Sie hatten etwas Unrechtes getan und fühlten sich anscheinend weniger schuldig, wenn sie sich anschließend altruistisch verhielten. Auch schlechte Laune kann dazu beitragen, sich verstärkt hilfsbereit zu erweisen. Demnach ist das Helfen ein dankbares Mittel, um „auf andere Gedanken zu kommen".

Und schließlich sei noch erwähnt, dass wir eher bereit sind, Menschen zu helfen, wenn diese ganz eindeutig, begründeterweise und „ungewollt" auf die Hilfe anderer angewiesen sind; auch Menschen aus unserem eigenen Umfeld oder Fa-

...unsereins muss ja schließlich arbeiten!

milienangehörigen helfen wir bereitwilliger, denn sie sind uns sympathisch und uns ähnlich. In solchen Fällen handelt es sich jedoch nur um Hilfsbereitschaft und nicht um Altruismus.

*

Parallel zu diesen Arbeiten über den Altruismus wurden etliche Untersuchungen zu seinem „negativen" Pendant, zur Aggression, angestellt. Unter dem Begriff der Aggression ist ein physisches oder verbales Verhalten zu verstehen, das sich gegen eine Person richtet und ihr physischen oder seelischen Schaden zufügen soll. Es muss dabei unterschieden werden zwischen der Aggression als Verhaltensweise und der Aggressivität, die einen Charakterzug oder eine Einstellung darstellt. Außerdem bedeutet Aggression etwas anderes als Gewalttätigkeit. Diese beinhaltet den Einsatz körperlicher Kraft, wobei der Akzent auf der Interaktion liegt.

Seymour Feshbach, Professor für klinische Psychologie, unterschied zwischen der direkten (oder feindseligen) Aggression, deren Absicht darin besteht, einem anderen direkt zu schaden, und die ein Ziel an sich darstellt, und der indirekten (oder instrumentalen) Aggression, die nicht nur einen anderen verletzen will, sondern ein bestimmtes Ziel verfolgt. Eine direkte Aggression liegt beispielsweise vor, wenn ein Mann seine Ehefrau schlägt.

Arnold Buss dagegen sprach zum einen von der aktiven Aggression, bei der der Schaden aus einer Handlung resultiert, zum anderen von der passiven Aggression, bei der durch Unterlassung Schaden entsteht, und schließlich von der physischen oder verbalen Aggression. Dolf Zillmann wiederum unterschied zwischen der Aggression, die durch eine unangenehme, Unbehagen auslösende Bedingung hervorgerufen wird, und der Aggression aufgrund äußerer Faktoren. Wie Sie sehen, gibt es zahlreiche Unterscheidungen, und das beweist nur, wie schwierig es ist, diesen Begriff wissenschaftlich zu erfassen, obwohl er doch so eindeutig zu sein scheint.

*

Der im Jahr 1900 in Wisconsin geborene Soziologe John Dollard promovierte an der Universität von Chicago. Zusammen mit dem Psychologen Neal Miller von der Yale-Universität führte er eine Untersuchung durch, die den Titel trug: „Angst und Mut unter Gefechtsbedingungen". Es ging dabei um Angst und Kampfmoral von Soldaten.

Ende der 1930er Jahre, also kurz vor Ausbruch des Zweiten Weltkrieges, formulierten Dollard und Miller unter Mitarbeit von Doob, Mowrer und Sears ihre so genannte Frustrations-Aggressions-Hypothese. Sie gingen von der Annahme aus, dass einer Aggression immer eine Frustration vorausgeht und dass Frustration unweigerlich zu der einen oder anderen Form von Aggression führt. Normalerweise ist derjenige, der für die Frustration verantwortlich ist, später das Ziel der Aggression. Es kann aber auch geschehen, dass sich die Aggression gegen andere richtet, wenn derjenige, dem sie eigentlich gilt, nicht erreichbar ist: Sie sind dann die Sündenböcke. Für die Aggressionsverschiebung sind nach Ansicht Millers drei Variablen verantwortlich:

* die Intensität der Frustration,
* der Grad der Behinderung einer Reaktion (d.h. die Antizipation der Strafe)
* und die Ähnlichkeit zwischen der gemeinten Person und dem Sündenbock.

Diese zu der damaligen Zeit sehr neue Theorie hat jedoch ihre Grenzen. Situationsbedingte Umstände können anscheinend den Charakter dieser sozusagen angeborenen Aggression verändern. Außerdem lässt sich mit dieser Theorie schwerlich die instrumentale oder indirekte Aggression erklären (im Gegensatz zur feindseligen Aggression).

Leonard Berkowitz interpretierte diese Verbindung zwischen Frustration und Aggression neu, und zwar unter einem assoziativen Aspekt. Dabei stützte er sich auf die Prinzipien der klassischen Konditionierung. Um eine Aggression auszulösen, muss die Frustration eine emotionale Reaktion (beispielsweise Zorn) hervorgerufen haben. Trifft das zu, so können alle negativen Erfahrungen und nicht allein Frustrationen, ein aggressives Verhalten zur Folge haben. Berkowitz' Modell zufolge löst Frustration nur dann eine Aggression aus, wenn sie als unangenehm empfunden wird.

Der berühmte kanadische Psychologe Albert Bandura vertrat wiederum die Ansicht, dass Aggression ein sozial erworbenes Verhalten sei und nicht angeboren. Man spricht von Lernen durch Beobachtung (oder auch Lernen am Modell), wenn diese beim Beobachter eine Verhaltensänderung bewirkt. Sie zeigt sich entweder darin, dass er das Verhalten des Modells übernimmt (man spricht von Imitation) oder ein solches Verhalten vermeidet, um nicht dieselben Fehler zu begehen wie das Vorbild. Mit anderen Worten, es liegt eine Verstärkung vor, wenn das positiv oder negativ verstärkte Verhalten eines Modells Auswirkungen auf das Verhalten des beobachtenden Subjekts hat.

Demnach ist der Mensch nicht von Natur aus aggressiv, sondern hat dieses Verhalten durch das Handeln anderer und die damit eventuell verbundenen Folgen erlernt.

Banduras Theorie des sozialen Lernens führt zu der Vermutung, dass gewalttätige Vorbilder im Fernsehen möglicherweise bei den Fernsehzuschauern ein gewalttätiges Verhalten fördern können, zumal solche Vorbilder häufig besonders für Kinder und Jugendliche sehr attraktiv sind. Allerdings dürfte ein gewalttätiges Vorbild im Fernsehen nur dann auch ein gewalttätiges Verhalten beim Zuschauer bewirken, wenn das Handeln des Modells positiv verstärkt wird. Im Fall einer negativen Verstärkung dürfte dagegen kein oder nur ein geringes aggressives Verhalten bei den Zuschauern zu beobachten sein.

Die Ergebnisse einer Studie von Rosencrans und Hartup scheinen in diese Richtung zu weisen. Die beiden Wissenschaftler konnten nämlich zeigen, dass sich Kinder, die ein systematisch belohntes aggressives Verhalten beobachtet hatten, im Anschluss daran ebenfalls aggressiv verhielten. Andere Kinder hingegen, die dasselbe, aber in diesem Fall konsequent bestrafte Verhalten beobachtet hatten, legten selbst kein aggressives Verhalten an den Tag. Und Kinder schließlich, die aggressive Modelle gesehen hatten, deren Verhalten abwechselnd bestraft oder belohnt wurde, verhielten sich später gemäßigt aggressiv.

Auch eine vergleichende Studie von Benton ergab, dass Kinder, die selbst ganz direkt bestraft wurden oder aber sahen, dass eine andere Person bestraft wurde, später in gleichem Maß davor zurückschreckten, sich asozial zu verhalten. Das Lernen durch Beobachtung ist demnach also ebenso effizient wie das Lernen durch direkte Erfahrung.

*

Bei dem Gedanken an Altruismus kommt vermutlich manch einem der Film *Die fabelhafte Welt der Amélie* in den Sinn. In diesem Streifen aus dem Jahr 2001 erzählt Regisseur Jean-Pierre Jeunet die Geschichte der jungen Amélie Poulain, die ihren Mitmenschen unaufhörlich Glück beschert und allen völlig selbstlos hilft.

Etwas näher an der Realität ist Steven Spielbergs filmische Umsetzung des Romans *Schindlers Liste* von Thomas Keneally aus dem Jahr 1993. Er erzählt die Geschichte des deutschen Indust- klick! riellen Oskar Schindler, der, obgleich selbst Mitglied der NSDAP, während des Zweiten Weltkriegs über tausend Juden rettete.

12

Verzieh dich, du Idiot!

Soziales Denken und *Nexus*

1994. Imola.

Am 1. Mai 1994 kam der Formel-1-Pilot Ayrton Senna bei einem Unfall im Rennen um den Großen Preis von San Marino ums Leben. Aufgrund eines technischen Problems war sein Wagen mit mehr als 240 km/h von der Piste abgekommen und gegen eine Betonmauer geprallt. Dem toten brasilianischen Rennfahrer wurde ein Staatsbegräbnis bereitet. „Vorbei an einer jubelnden Menschenmenge wurde der Sarg Ayrton Sennas auf einem Feuerwehrwagen zum Parlamentsgebäude geleitet, wo ihn seine Familie erwartete. Ein letzter Augenblick der Einkehr, bevor auch die Brasilianer ihm die letzte Ehre erwiesen!" So konnte man es damals im Radio hören.

2008. Paris.

Am 23. Februar 2008 genoss der französische Staatspräsident Nicolas Sarkozy auf der Landwirtschaftsmesse ein Bad in der Menge. Ein Mann aber weigerte sich, ihm die Hand zu schütteln. Daraufhin schrie Sarkozy ihn an: „Verzieh dich, du Idiot!" und setzte seinen Rundgang fort. Dieser Satz ging durch alle Medien und löste eine wahre Flut an Kommentaren im Internet aus.

Was hat Ayrton Senna mit Nicolas Sarkozy zu tun? Welche Beziehung besteht zwischen den gefühlsbetonten und „oberflächlichen" Reaktionen in diesen beiden Episoden? Wieder einmal kommt die Sozialpsychologie zu Wort.

*

Lange Zeit hat man in den Human- und Sozialwissenschaften zwei Arten des Denkens einander gegenübergestellt. Zum einen das so genannte wissenschaftliche Denken, also die formale Logik, den mathematischen Beweis, ein Denken, das deduktiv vorgeht und zu einem zuvor noch nicht bekannten Schluss gelangt. Dem gegenüber stand das so genannte natürliche Denken, die Denkweise des Kindes, des Primitiven oder des Geisteskranken, ein unzureichendes Denken voller Einseitigkeiten und Fehler. Das kleine Kind glaubt an den Weihnachtsmann, der Primitive hat Angst, dass ihm der Himmel auf den Kopf fällt, und der

Geisteskranke ist vielleicht davon überzeugt, er sei Napoleon oder zwei plus zwei ergäbe fünf. Dieses natürliche Denken stützt sich auf die spürbare Erfahrung (d.h. auf die direkte, sinnlich erfahrene Kenntnis unserer Umwelt), und im Gegensatz zu der abstrakten und mit Fachbegriffen gespickten Sprache der Wissenschaftler drückt es sich in der Alltagssprache aus. Auch dieses Denken geht von einer Schlussfolgerung aus, um die Realität neu zu interpretieren.

Dieser Gegensatz führte zunächst dazu, dass man es ablehnte, sich mit diesem „irrigen" Denken zu befassen. Warum auch sollte man sich für „falsche Überlegungen" und für Dinge interessieren, die „gar nicht existieren"? Ja, warum eigentlich? Nun, zum einen, weil es sich für diejenigen, die diese Gedanken haben, nicht um „falsche" Überlegungen handelt, denn für die Männer und Frauen, die daran glauben, existieren diese Dinge, und zum anderen, weil dieses Denken durchaus seine eigene Logik besitzt, weil es einer Logik folgt, auch wenn diese nicht den formalen Ansprüchen des mathematischen Denkens entspricht.

Guten Abend, meine Damen und Herren! Als ich heute Morgen durch die Stadt ging, sagte ich mir wieder einmal, dass wir uns vielleicht doch für das falsche Gesellschaftsmodell entschieden haben, und ...

Da dieses natürliche Denken aus den Interaktionen mit den Mitmenschen resultiert, wird es zu einem Gemeinschaftsdenken, und über dieses Gemeinschaftsdenken wird es möglich zu verstehen, wie die einzelnen Mitglieder der Gesellschaft die Ereignisse des täglichen Lebens, ihre Umwelt und die zu ihnen gelangten Informationen beurteilen. Es handelt sich hier um ein „alltägliches" Denken, das entsteht, wenn Personen Erinnerungen wachrufen oder sich miteinander unterhalten, und das sich in den verschiedenen Formen der zwischenmenschlichen, der institutionalisierten oder medialen Kommunikation entwickelt.

*

Manchmal kommt es vor, dass diese beiden Arten des Denkens nebeneinander bestehen und wir mühelos von der einen zur anderen überwechseln. Wie war das doch heute Morgen? Beim Frühstück lief nebenher das Radio. Sie sind ein völlig rationaler Mensch oder zumindest halten Sie sich dafür. Mit Gurus oder

sonstigen Scharlatanen haben Sie nichts am Hut. Und doch …
und doch … einen Augenblick hielten Sie inne, um dem Sprecher
aufmerksam zuzuhören.

Worum handelte es sich? Um die Börsenkurse? Um eine ganz
besonders interessante Analyse der weltpolitischen Lage? Um den
Wetterbericht? Nein … ganz einfach um Ihr Horoskop. Ebenso,
wie Sie es vermutlich vermeiden, auf dem Bürgersteig unter einer
Leiter hindurchzugehen, obwohl Sie nicht abergläubisch sind, ist
die Wahrscheinlichkeit hoch, dass Sie hinhören, wenn über Ihr
Sternzeichen gesprochen wird …

*

In der Geschichte mangelt es nicht an Beispielen für Volkshass,
Volksaufstände, revolutionäre Scharen, kriminelle Horden, für
Massenmord, unkontrollierte Volkserregung oder Gewalt. Diese „Unfälle der Geschichte", diese Brüche, die unsere Geschichte prägen, diese extremen und kritischen Situationen werden
manchmal im kollektiven Gedächtnis weitergegeben. Solche kollektiven Leidenschaften üben zudem im Allgemeinen stets Faszi-
nation aus, bewirken aber auch Angst. Unter diesen Umständen

lässt sich schwerlich leugnen, dass es extreme Verhaltensweisen geben kann, die durch ein einziges Wort ausgelöst werden, durch ein Wort, in dem sich Werte und Leidenschaften zusammenfassen lassen, ein Wort, das in der Lage ist, die Zustimmung oder Ablehnung eines ganzen Volkes zu bewirken; ein Wort, das Abscheu, Ablehnung, Feindseligkeit und Aggressivität hervorruft; ein Wort, das vorübergehend die Unterschiede zwischen Gruppen aufheben kann; ein Wort, das *offensichtlich* mehr ist, als nur ein Wort.

*

Um gewisse Verhaltensweisen zu erklären, denen eine starke, affektiv geladene kollektive Mobilmachung zugrunde liegt, hat der französische Sozialpsychologe Michel-Louis Rouquette 1994 den Begriff des *Nexus* eingeführt. Dabei handelt es sich um Schlüsselworte, um Slogans und sprachliche Bezüge, die zu einer bestimmten Zeit und in einem gegebenen Kontext „vorlogische affektive Gedankenverknüpfungen darstellen, die in einer bestimmten Gesellschaft von einer großen Anzahl Personen übernommen werden". Diese Begriffe dienen dem Einzelnen als

Bezugssysteme und veranlassen ihn zu extremen Verhaltensweisen. Die Devise „Freiheit, Gleichheit, Brüderlichkeit" aus der Französischen Revolution oder das Gegensatzpaar „Kapitalismus/Kommunismus" aus der Zeit des Kalten Krieges sind gute Beispiele für solche *Nexus*. Denkbar sind auch Begriffe wie „Vaterland", „Terrorismus" oder „Revolution", aber ebenfalls „Senna", „Europäische Verfassung", „Fukushima", „genmanipulierte Lebensmittel" oder „McDonald's".

Die *Nexus* entsprechen also „vorlogischen, affektiven Gedankenverknüpfungen, die in einer bestimmten Gesellschaft von einer großen Anzahl Personen übernommen werden". Der Begriff Verknüpfung ist selbstverständlich metaphorisch zu verstehen, in dem Sinn, als diese „Begriffe mehrere Einstellungen miteinander verbinden, sie vereinbar oder zumindest voneinander abhängig machen". Der affektive Aspekt ist der Kern des *Nexus*. Dadurch werden heftige Reaktionen der Zustimmung oder der Ablehnung erzielt und eine kollektive Mobilmachung bewirkt. Denken wir beispielsweise an den 20. Oktober 1996, als

in Belgien über 300 000 weiß gekleidete Menschen als Reaktion auf die „Dutroux-Affäre" in einem „weißen Marsch" durch die Straßen Brüssels zogen. In diesem Zusammenhang bedeutet der vorlogische Aspekt des *Nexus* soviel wie „vordialogisch", denn die *Nexus* setzen eher ein als die Ratio, also noch vor der Sprache und der Phase des Diskurses. Diskutiert wird z.b. über die Klimaerwärmung, denn zu diesem Thema kann jeder etwas beitragen, hierzu hat jeder seine eigenen, naiven Theorien usw. Bei den *Nexus* ist das nicht der Fall. Ihre Bedeutung steht nicht zur Debatte, über sie muss man sich nicht mehr auslassen, diskutieren oder argumentieren. Dieses Phänomen ließe sich wie folgt zusammenfassen: Es wird nicht diskutiert – weil es nichts zu diskutieren gibt; aber in einer zweiten Phase wird gehandelt.

*

Der amerikanische Forscher Cohen legte 24 Studenten und Studentinnen einen Programmentwurf zum öffentlichen Gesundheitswesen vor. Den Versuchspersonen, die dieses Programm beurteilen sollten, wurde gesagt, es stamme aus der Feder der Demokraten bzw. der Republikaner. Wir wollen hier nicht im Einzelnen auf den Versuchsablauf und die Ergebnisse eingehen, sondern lediglich hervorheben, dass diese eine Variable den Grad der Zustimmung der Studenten und Studentinnen zu dem Entwurf am stärksten beeinflusste, selbst dann, wenn die vertretene Politik eigentlich untypisch für die jeweilige Bezugsgruppe war. Bin ich ein Konservativer und die von mir zu beurteilende Politik wird den Republikanern zugeschrieben, so fällt mein Urteil positiver aus, als wenn sie angeblich von den Demokraten beschlossen wurde.

Stellen Sie sich nun einmal vor, eine Reihe von politischen Forderungen würde entweder irgendeiner beliebigen oder aber einer ganz bestimmten Partei zugeordnet. Das wäre eine vereinfachte Form des oben geschilderten Beispiels, nur dass in diesem Fall die Bezeichnung für eine bestimmte politische Partei die Rolle des *Nexus* spielen kann. Anhand eines solchen Szenariums konnte Michel-Louis Rouquette seinen Begriff zum ersten Mal empirisch verdeutlichen. Dazu wurden acht Punkte aus dem Parteiprogramm der NSDAP (der Nationalsozialistischen Deutschen Arbeiterpartei) ausgewählt.

Zum Beispiel: „Alle Staatsbürger müssen gleiche Rechte und Pflichten besitzen"; „Wir fordern Gewinnbeteiligung an Großbetrieben"; „Der Staat hat für die Hebung der Volksgesundheit zu sorgen durch den Schutz der Mutter und des Kindes, durch Verbot der Jugendarbeit"; „Wir fordern einen großzügigen Ausbau der Altersversorgung" usw.

Diese Vorschläge enthalten keinerlei fremdenfeindliche oder antisemitische Konnotationen und betreffen ganz unterschiedliche Bereiche. Sie wurden drei Gruppen von Studenten vorgelegt, denen entweder gesagt wurde, es handele sich um Forderungen einer „politischen Partei", der „nationalsozialistischen Partei" oder der „Nazi-Partei". Hätten sich die Studenten bei der Beurteilung ausschließlich an ihren eigenen Einstellungen orientiert, so hätten die Antworten in allen drei Gruppen in der Tendenz gleich ausfallen müssen.

Die Antworten ergaben jedoch ein ganz anderes Bild. Meinten die Studenten, Verfasser der Forderungen sei die Nazi-Partei, so lehnten sie sie in stärkerem Maß ab, als wenn sie einer beliebigen oder der nationalsozialistischen Partei zugeschrieben wurden. Der letzte Umstand verdeutlicht übrigens, dass es sich nicht nur einfach um die Auswirkung einer Etikettierung handelt, sondern tatsächlich um einen *Nexus*-Effekt, denn die Bezeichnungen „nationalsozialistisch" und „Nazi" sind *objektiv* absolut identisch. Dass sie es *subjektiv* nicht sind, beweist deutlich die Wirkung des *Nexus*.

*

Was macht die *Nexus* aus?

Zunächst einmal haben sie einen kollektiven Charakter. Sie werden von einer bestimmten Bevölkerung, einer bestimmten Gesellschaft geteilt. Es handelt sich um „irrationale Bedeutungszuordnungen, die einer bestimmten Gemeinschaft zu einem bestimmten Zeitpunkt als Bezugssysteme dienen", schrieb Michel-Louis Rouquette.

Da die *Nexus* Massen bewegen können, tauchen sie in Krisen-, Konflikt- oder Bedrohungssituationen auf, und dabei spielt es keine Rolle, ob diese Situationen real sind oder nur angenommen. Sie verschwinden aber wieder, sobald die Bedrohung oder der Konflikt vorüber ist. Das Vaterland oder die Republik stellen nämlich niemals eine stärkere Realität dar, als wenn sie sich „in Gefahr" befinden.

Denken wir doch nur an den Abend des 21. April 2002 in Frankreich und an die Tage danach. Die Republik mobilisierte die Massen, als sich im zweiten Wahlgang der französischen Präsidentschaftswahlen die Möglichkeit abzeichnete, dass ein Kandidat der extremen Rechten das Rennen machen könnte. Le Pen, um ihn handelte es sich, war eine „Gefahr für die Republik" (*Le Monde* vom 24. April 2002), und nach dem ersten Schock musste er unbedingt zurückgeschlagen werden, „um die Republik zu schützen" (*Libération* vom 22. April 2002). Spontan gingen Tausende auf die Straße und demonstrierten ungeachtet der eigenen politischen Ausrichtung für die Rettung der Republik. Unter anderem waren die folgenden Zeilen eines Chansons von Damien Saez zu hören, das nach den Ergebnissen des ersten Wahlganges aufgenommen worden war:

20 Prozent für den Schrecken, 20 Prozent für die Angst:
Trunken vor Leichtfertigkeit seid ihr Kinder Frankreichs;
selbstmörderisches Vergessen herrscht im Land der Aufklärung;
Nein, nein, nein, nein.
Wir sind, wir sind
die Nation der Menschenrechte.

Wir sind, wir sind
die Nation der Toleranz.
Wir sind, wir sind
die Nation der Aufklärung.
Es ist Zeit, es ist Zeit
für die Résistance!"
(*Fils de France,* Damien Saez, 2002).

In zahlreichen Ländern werden wir übrigens heute Zeugen verschiedener Formen des Gedenkens (Gedenkfeiern, Denkmäler), die dazu dienen sollen, eben diesem intellektuellen und affektiven Vergessen entgegenzuwirken, das einsetzt, je länger der Konflikt zurückliegt.

Wird der *Nexus* aktiviert, kommt es zunächst für eine gewisse Zeit zu einer Verschleierung der üblichen Unterschiede innerhalb und zwischen den Gruppen. Bei den Demonstrationen infolge des Wahlergebnisses vom 21. April 2002 – nach dem Schock, dass ein Kandidat der extremen Rechten den zweiten Wahlgang der Präsidentschaftswahlen erreicht hatte – marschierten aktive Anhänger und Sympathisanten der „Linken" und der „Rechten" einhellig nebeneinander, um gemeinsam die Republik zu verteidigen. Das erinnert in gewisser Weise an das übergeordnete Ziel, mit dessen Hilfe Unterschiede zwischen Gruppen für eine gewisse Zeit aufgehoben werden können (siehe die Studie von Sherif, Kapitel 5).

Nexus dienen außerdem dazu, sich die Wirklichkeit zu erschaffen. Die Vorstellung wird Realität: Das, was man benennen kann, existiert auch. Die *Nexus* „Freiheit" und „Gerechtigkeit" sind beispielsweise umfassende und abstrakte Begriffe, die sich schwer klar und knapp definieren lassen und die nicht mit einer typischen Situation zu veranschaulichen sind.

Nexus bestehen außerdem aus einem einzigen Wort, für das es kein Äquivalent gibt. Der „Verrückte" ist nicht dasselbe wie der „Geisteskranke", und ebenso wenig entspricht anscheinend, wie wir gesehen haben, der „Nazi" dem „Nationalsozialisten".

Und schließlich bedient sich der *Nexus* mit Vorliebe der Emphase (etwa hochtrabender Redeweisen).

Bei uns in Frankreich ist der „11. September" zu einem derartigen Symbol geworden. In den Tagen, Wochen und Monaten unmittelbar nach den Anschlägen war es unmöglich, dass der „11. September" als ein *Nexus* wirkte – damals konnte es sich noch nicht um eine gesellschaftliche Vorstellung handeln, denn es war gar nicht genügend Zeit vorhanden, um eine solche Vorstellung auszubilden –, doch heute hat sich das meiner Meinung nach geändert. Der „11. September" ist, wie mir scheint, zu einem Gemeinplatz geworden, der in der Presse und in Gesprächen verwendet wird, um eine Katastrophe, eine Schande zu bezeichnen. „Das ist der 11. September für ..." Die Geiselnahme im Theater Dubrowka in Moskau vom Oktober 2002 wurde der „Öffentlichkeit als der 11. September Russlands präsentiert und auch so aufgefasst", hieß es in *Le Monde Diplomatique* vom Dezember 2002.

Fortsetzung folgt ...

Nachwort

Kouik ist eine kleine Comicfigur, die seit Jahren die Seiten meiner Skizzenblocks füllt. Anfangs hatte das Männchen nur einen Gefährten, seinen Doppelgänger Rekouik. Später habe ich seinen Abenteuern noch ein weibliches Pendant, Kouikette, hinzugefügt. Kurz, es war amüsant, sie wimmelten und wirbelten überall herum und sprachen dabei metaphysische Fragen an. Doch ich fand, die Figuren waren allzu leicht zu verwechseln, weil sie sich so sehr ähnelten ...

Erst vor kurzem, als ich das sozialpsychologische Handbuch von Sylvain Delouvée illustrierte, fand ich wirklich eine Lösung für dieses kleine Manko. Kouik hat sich vervielfacht und wurde zu einer ganzen Masse identischer Figuren. Also zeichnete ich Klone, lauter kleine Männchen, die eine ganze Gesellschaft bildeten, in der sich alle Mitglieder glichen. Das war praktisch, wenn es um Sozialpsychologie ging.

Für dieses neue Buch wollte ich meine Kouiks unterschiedlich anziehen. Natürlich verwechselt man sie dann nicht mehr so leicht, aber für mich war das auch eine Art und Weise zu zeigen, dass das Sprichwort „Kleider machen Leute" häufiger zutrifft, als man gemeinhin denkt. In unserer Gesellschaft werden wir durch unsere Rollen charakterisiert, durch unsere Funktionen und die Zugehörigkeit zu bestimmten Gruppen, und all das bestimmt im Allgemeinen auch unser Verhalten.

Wenn man beginnt, einen Roman zu schreiben, gibt es immer einen Teil der Geschichte, der einem ein wenig entgleitet. Gewiss, man wählt seine Personen aus, man weiß, was sie erleben sollen und was man erzählen will … Doch mit jeder Seite, mit jedem Kapitel kommen Szenen und Situationen hinzu und entwickeln sich, bis sich manche Dialoge ganz von allein ergeben, ohne dass wir sie geplant haben. Auflösungen scheinen uns dann manchmal von der Absicht des Autors völlig unabhängige, logische Folgen zu sein.

Es mag zwar seltsam erscheinen, aber als ich mit dem Zeichnen des Storyboards (Szenenbuchs) begann, war mir noch nicht klar, welch bedrohlicher Schatten sich ganz allmählich über meine Geschichte legen sollte. Das wurde mir erst bewusst, als ich die letzten Kapitel illustrierte. Es hat mich selbst überrascht, so dass ich gegen Ende regelrecht erschauerte.

Sicherlich habe ich ein wenig mehr von meiner Beunruhigung einfließen lassen, als ursprünglich beabsichtigt. Dennoch hoffe ich, dass die Lektüre dieses Buches Ihnen Vergnügen bereitet und Sie lehrt, unser aller Verhalten zu beobachten. Und schließlich hoffe ich, dass dieses Werk einen, wenn auch bescheidenen Beitrag dazu leisten kann, gemeinsam eine Welt zu schaffen, in der wir einander verstehen und achten, eine Welt, die uns noch besser gefällt!

Sylvain Delouvée bat mich, dieses Buch zusammen mit ihm zu gestalten. Er hat mir am Rand seiner Kapitel ausreichend Raum gelassen, mich auszudrücken. Für sein Vertrauen und die ermunternde Begeisterung, mit der er jedes Mal die neuen Zeichnungen aufnahm, die ich ihm vorlegte, danke ich ihm von ganzem Herzen. Ich hoffe, dass meine Bilder den Inhalt seiner Kapitel veranschaulichen und dass das Ergebnis unserer Zusammenarbeit uns ermutigt, dieses Experiment fortzusetzen.

Und schließlich gilt mein Dank noch einem anderen Fachmann auf dem Gebiet der Sozialpsychologie, der sein eigenes

Buch schrieb, während wir mit diesem beschäftigt waren. Ich meine meinen Bruder David Vaidis, der mit den Figuren meiner Comics groß geworden ist und der mir nun bereits seit einigen Jahren die Sozialpsychologie nahebringt. Ihm verdanke ich zumindest zu einem Teil diese Geschichte.

Nicolas Vaidis alias Margot
(www.aventurier-dessinateur.fr)

Sachverzeichnis

Printed in the United States
By Bookmasters